国家出版基金资助项目
现代数学中的著名定理纵横谈丛书
丛书主编　王梓坤

HAMILTON-CAYLEY THEOREM

Hamilton-Cayley 定理

刘培杰数学工作室 编译

哈尔滨工业大学出版社
HARBIN INSTITUTE OF TECHNOLOGY PRESS

内 容 简 介

本书详细介绍了哈密尔顿 - 凯莱定理的相关知识. 全书共分为五章,分别为:引言、基础篇、应用篇、人物篇与进一步的讨论. 在附录中详细介绍了哈密尔顿 - 凯莱定理的另一证法.

本书可供从事这一数学分支或相关学科的数学工作者、大学生以及数学爱好者研读.

图书在版编目(CIP)数据

Hamilton - Cayley 定理/刘培杰数学工作室编译. — 哈尔滨:哈尔滨工业大学出版社,2017.7
(现代数学中的著名定理纵横谈丛书)
ISBN 978 - 7 - 5603 - 6697 - 5

Ⅰ.①H… Ⅱ.①刘… Ⅲ.①哈密顿原理 Ⅳ.①O316

中国版本图书馆 CIP 数据核字(2017)第 147266 号

策划编辑	刘培杰　张永芹
责任编辑	张永芹　聂兆慈
封面设计	孙茵艾
出版发行	哈尔滨工业大学出版社
社　　址	哈尔滨市南岗区复华四道街 10 号　邮编 150006
传　　真	0451 - 86414749
网　　址	http://hitpress.hit.edu.cn
印　　刷	牡丹江邮电印务有限公司
开　　本	787mm×960mm　1/16　印张 13.25　字数 148 千字
版　　次	2017 年 7 月第 1 版　2017 年 7 月第 1 次印刷
书　　号	ISBN 978 - 7 - 5603 - 6697 - 5
定　　价	68.00 元

(如因印装质量问题影响阅读,我社负责调换)

○代序

读书的乐趣

你最喜爱什么——书籍.

你经常去哪里——书店.

你最大的乐趣是什么——读书.

这是友人提出的问题和我的回答.真的,我这一辈子算是和书籍,特别是好书结下了不解之缘.有人说,读书要费那么大的劲,又发不了财,读它做什么?我却至今不悔,不仅不悔,反而情趣越来越浓.想当年,我也曾爱打球,也曾爱下棋,对操琴也有兴趣,还登台伴奏过.但后来却都一一断交,"终身不复鼓琴".那原因便是怕花费时间,玩物丧志,误了我的大事——求学.这当然过激了一些.剩下来唯有读书一事,自幼至今,无日少废,谓之书痴也可,谓之书橱也可,管它呢,人各有志,不可相强.我的一生大志,便是教书,而当教师,不多读书是不行的.

读好书是一种乐趣,一种情操;一种向全世界古往今来的伟人和名人求教的方法,一种和他们展开讨论的方式;一封出席各种活动、体验各种生活、结识各种人物的邀请信;一张迈进科学宫殿和未知世界的入场券;一股改造自己、丰富自己的强大力量.书籍是全人类有史以来共同创造的财富,是永不枯竭的智慧的源泉.失意时读书,可以使人重整旗鼓;得意时读书,可以使人头脑清醒;疑难时读书,可以得到解答或启示;年轻人读书,可明奋进之道;年老人读书,能知健神之理.浩浩乎!洋洋乎!如临大海,或波涛汹涌,或清风微拂,取之不尽,用之不竭.吾于读书,无疑义矣,三日不读,则头脑麻木,心摇摇无主.

潜能需要激发

我和书籍结缘,开始于一次非常偶然的机会.大概是八九岁吧,家里穷得揭不开锅,我每天从早到晚都要去田园里帮工.一天,偶然从旧木柜阴湿的角落里,找到一本蜡光纸的小书,自然很破了.屋内光线暗淡,又是黄昏时分,只好拿到大门外去看.封面已经脱落,扉页上写的是《薛仁贵征东》.管它呢,且往下看.第一回的标题已忘记,只是那首开卷诗不知为什么至今仍记忆犹新:

日出遥遥一点红,飘飘四海影无踪.

三岁孩童千两价,保主跨海去征东.

第一句指山东,二、三两句分别点出薛仁贵(雪、人贵).那时识字很少,半看半猜,居然引起了我极大的兴趣,同时也教我认识了许多生字.这是我有生以来独立看的第一本书.尝到甜头以后,我便千方百计去找书,向小朋友借,到亲友家找,居然断断续续看了《薛丁山征西》《彭公案》《二度梅》等,樊梨花便成了我心中的女英雄.我真入迷了.从此,放牛也罢,车水也罢,我总要带一本书,还练出了边走田间小路边读书的本领,读得津津有味,不知人间别有他事.

当我们安静下来回想往事时,往往会发现一些偶然的小事却影响了自己的一生.如果不是找到那本《薛仁贵征东》,我的好学心也许激发不起来.我这一生,也许会走另一条路.人的潜能,好比一座汽油库,星星之火,可以使它雷声隆隆、光照天地;但若少了这粒火星,它便会成为一潭死水,永归沉寂.

抄,总抄得起

好不容易上了中学,做完功课还有点时间,便常光顾图书馆.好书借了实在舍不得还,但买不到也买不起,便下决心动手抄书.抄,总抄得起.我抄过林语堂写的《高级英文法》,抄过英文的《英文典大全》,还抄过《孙子兵法》,这本书实在爱得很了,竟一口气抄了两份.人们虽知抄书之苦,未知抄书之益,抄完毫末俱见,一览无余,胜读十遍.

始于精于一,返于精于博

关于康有为的教学法,他的弟子梁启超说:"康先生之教,专标专精、涉猎二条,无专精则不能成,无涉猎则不能通也."可见康有为强烈要求学生把专精和广博(即"涉猎")相结合.

在先后次序上,我认为要从精于一开始.首先应集中精力学好专业,并在专业的科研中做出成绩,然后逐步扩大领域,力求多方面的精.年轻时,我曾精读杜布(J. L. Doob)的《随机过程论》,哈尔莫斯(P. R. Halmos)的《测度论》等世界数学名著,使我终身受益.简言之,即"始于精于一,返于精于博".正如中国革命一样,必须先有一块根据地,站稳后再开创几块,最后连成一片.

丰富我文采,澡雪我精神

辛苦了一周,人相当疲劳了,每到星期六,我便到旧书店走走,这已成为生活中的一部分,多年如此.一次,偶然看到一套《纲鉴易知录》,编者之一便是选编《古文观止》的吴楚材.这部书提纲挈领地讲中国历史,上自盘古氏,直到明末,记事简明,文字古雅,又富于故事性,便把这部书从头到尾读了一遍.从此启发了我读史书的兴趣.

我爱读中国的古典小说,例如《三国演义》和《东周列国志》.我常对人说,这两部书简直是世界上政治阴谋诡计大全.即以近年来极时髦的人质问题(伊朗人质、劫机人质等),这些书中早就有了,秦始皇的父亲便是受害者,堪称"人质之父".

《庄子》超尘绝俗,不屑于名利.其中"秋水""解牛"诸篇,诚绝唱也.《论语》束身严谨,勇于面世,"己所不欲,勿施于人",有长者之风.司马迁的《报任少卿书》,读之我心两伤,既伤少卿,又伤司马;我不知道少卿是否收到这封信,希望有人做点研究.我也爱读鲁迅的杂文,果戈理、梅里美的小说.我非常敬重文天祥、秋瑾的人品,常记他们的诗句:"人生自古谁无死,留取丹心照汗青""休言女子非英物,夜夜龙泉壁上鸣".唐诗、宋词、《西厢记》《牡丹亭》,丰富我文采,澡雪我精神,其中精粹,实是人间神品.

读了邓拓的《燕山夜话》,既叹服其广博,也使我动了写《科学发现纵横谈》的心.不料这本小册子竟给我招来了上千封鼓励信.以后人们便写出了许许多多的"纵横谈".

　　从学生时代起,我就喜读方法论方面的论著.我想,做什么事情都要讲究方法,追求效率、效果和效益,方法好能事半而功倍.我很留心一些著名科学家、文学家写的心得体会和经验.我曾惊讶为什么巴尔扎克在51年短短的一生中能写出上百本书,并从他的传记中去寻找答案.文史哲和科学的海洋无边无际,先哲们的明智之光沐浴着人们的心灵,我衷心感谢他们的恩惠.

读书的另一面

　　以上我谈了读书的好处,现在要回过头来说说事情的另一面.

　　读书要选择.世上有各种各样的书:有的不值一看,有的只值看20分钟,有的可看5年,有的可保存一辈子,有的将永远不朽.即使是不朽的超级名著,由于我们的精力与时间有限,也必须加以选择.决不要看坏书,对一般书,要学会速读.

　　读书要多思考.应该想想,作者说得对吗?完全吗?适合今天的情况吗?从书本中迅速获得效果的好办法是有的放矢地读书,带着问题去读,或偏重某一方面去读.这时我们的思维处于主动寻找的地位,就像猎人追找猎物一样主动,很快就能找到答案,或者发现书中的问题.

　　有的书浏览即止,有的要读出声来,有的要心头记住,有的要笔头记录.对重要的专业书或名著,要勤做笔记,"不动笔墨不读书".动脑加动手,手脑并用,既可加深理解,又可避忘备查,特别是自己的灵感,更要及时抓住.清代章学诚在《文史通义》中说:"札记之功必不可少,如不札记,则无穷妙绪如雨珠落大海矣."

许多大事业、大作品,都是长期积累和短期突击相结合的产物.涓涓不息,将成江河;无此涓涓,何来江河?

爱好读书是许多伟人的共同特性,不仅学者专家如此,一些大政治家、大军事家也如此.曹操、康熙、拿破仑、毛泽东都是手不释卷,嗜书如命的人.他们的巨大成就与毕生刻苦自学密切相关.

王梓坤

目录

第1章 引言 //1
1.1 一个高中联赛试题的两个初等解法 //1
1.2 高等解法 //3
1.3 线性分式函数的迭代 //14
1.4 n 次迭代还原函数及其探究过程 //18
1.5 高考数列问题的统一解题策略 //27
1.6 4个美国大学生和博士生遇到的问题 //33

第2章 基础篇 //51
2.1 从线性方程和行列式谈起 //51
2.2 特征值 //73
2.3 矩阵在相似变换下的约当标准形 //87

第3章 应用篇 //97
3.1 引言 //97
3.2 一个几何例子 //97
3.3 微小振动 //99
3.4 信息系统设计中的一个例子 //102
3.5 非线性最优化中的一个特征问题 //104
3.6 来自数学经济学的一个例子 //105
3.7 Sturm-Liouville 问题 //107

第4章　人物篇　//111
　　4.1　四元数的创立者——哈密尔顿　//111
　　4.2　律师数学家——凯莱　//131

第5章　进一步的讨论　//151
　　5.1　哈密尔顿-凯莱定理的一个逆定理　//151
　　5.2　交换拟环上的哈密尔顿-凯莱定理　//156
　　5.3　在常系数线性方程组的讨论中避免约当标准形　//162
　　5.4　计算 exp At 的一种简便方法　//169
　　5.5　A Further Generalization of the Hamilton - Cayley Theorem　//175

附录　哈密尔顿-凯莱定理的另一证法　//185

参考文献　//201

引 言

1.1 一个高中联赛试题的两个初等解法

设数列 $\{a_n\}$ 和 $\{b_n\}$ 满足 $a_0=1, b_0=0$ 且

$$\begin{cases} a_{n+1}=7a_n+6b_n-3 \\ b_{n+1}=8a_n+7b_n-4 \end{cases} (n=0,1,2,\cdots)$$

证明：$a_n(n=0,1,2,\cdots)$ 是完全平方数.(2000 年,全国高中数学联赛)

证法一 由假设得 $a_1=4, b_1=4$ 且当 $n \geq 1$ 时

$$(2a_{n+1}-1)+\sqrt{3}b_{n+1}$$
$$=(14a_n+12b_n-7)+\sqrt{3}(8a_n+7b_n-4)$$
$$=[(2a_n-1)+\sqrt{3}b_n](7+4\sqrt{3})$$
$$(2a_n-1)+\sqrt{3}b_n$$
$$=(7+4\sqrt{3})^{n-1}(2a_1-1+\sqrt{3}b_1)$$
$$=(7+4\sqrt{3})^n$$

第 1 章

1

Hamilton – Cayley 定理

同理
$$(2a_n - 1) - \sqrt{3}b_n = (7 - 4\sqrt{3})^n$$

从而 $a_n = \frac{1}{4}(7+4\sqrt{3})^n + \frac{1}{4}(7-4\sqrt{3})^n + \frac{1}{2}$

由于 $7 \pm 4\sqrt{3} = (2 \pm \sqrt{3})^2$

所以 $a_n = [\frac{1}{2}(2+\sqrt{3})^n + \frac{1}{2}(2-\sqrt{3})^n]^2$

由二项式展开得
$$c_n = \frac{1}{2}(2+\sqrt{3})^n + \frac{1}{2}(2-\sqrt{3})^n$$
$$= \sum_{0 \leqslant 2k \leqslant n} C_n^{2k} \cdot 3^k \cdot 2^{n-2k}$$

显然 c_n 为整数,于是 a_n 为完全平方数.

证法二 由已知得
$$a_{n+1} = 7a_n + 6b_n - 3$$
$$= 7a_n + 6(8a_{n-1} + 7b_{n-1} - 4) - 3$$
$$= 7a_n + 48a_{n-1} + 42b_{n-1} - 27$$

由 $a_n = 7a_{n-1} + 6b_{n-1} - 3$

得 $42b_{n-1} = 7a_n - 49a_{n-1} + 21$

从而
$$a_{n+1} = 7a_n + 48a_{n-1} + 7a_n - 49a_{n-1} + 21 - 27$$
$$= 14a_n - a_{n-1} - 6$$

由 $a_0 = 1 = 1^2, a_1 = 4 = 2^2, a_2 = 49 = 7^2$

设 $c_{n+1} = 4c_n - c_{n-1}, c_0 = 1, c_1 = 2, c_2 = 7$

由归纳法易知数列 $\{c_n\}$ 是唯一确定的正整数数列.

令 $d_n = c_n^2$,则

$$\begin{aligned}
d_{n+1} &= c_{n+1}^2 \\
&= (4c_n - c_{n-1})^2 \\
&= 16c_n^2 - 8c_n c_{n-1} + c_{n-1}^2 \\
&= 14c_n^2 - c_{n-1}^2 - 6 - 2(4c_n c_{n-1} - c_n^2 - c_{n-1}^2 - 3)
\end{aligned}$$

而

$$\begin{aligned}
&4c_n c_{n-1} - c_n^2 - c_{n-1}^2 - 3 \\
&= 4c_n c_{n-1} - c_n(4c_{n-1} - c_{n-2}) - c_{n-1}^2 - 3 \\
&= c_n c_{n-2} - c_{n-1}^2 - 3 \\
&= (4c_{n-1} - c_{n-2})c_{n-2} - c_{n-1}(4c_{n-2} - c_{n-3}) - 3 \\
&= c_{n-1}c_{n-3} - c_{n-2}^2 - 3 \\
&= \cdots \\
&= c_2 c_0 - c_1^2 - 3 \\
&= 0
\end{aligned}$$

故 $\quad d_{n+1} = 14d_n - d_{n-1} - 6, d_0 = 1, d_1 = 4$

由唯一性得

$$a_n = d_n = c_n^2 \quad (n = 0,1,2,\cdots)$$

故 a_n 是完全平方数.

1.2 高等解法

递推关系可改写成矩阵形式,从而求数列通项的问题转化为求矩阵方幂的问题,然后利用矩阵对角化思想求矩阵方幂,此时容易联想到特征理论,而哈密尔

Hamilton – Cayley 定理

顿–凯莱(Hamilton-Cayley)定理是矩阵特征多项式的一个重要性质.

定义1 若递推关系改写成矩阵形式后,系数矩阵 A 可对角化,则称递推关系是可对角化的;否则称为不可对角化的.

引理1 （哈密尔顿–凯莱定理）设 A 是数域 P 上的 n 阶矩阵,$f(\lambda) = |\lambda I - A| = \lambda^n + a_1\lambda^{n-1} + \cdots + a_{n-1}\lambda + a_n$ 是 A 的特征多项式,则 $f(A) = A^n + a_1 A^{n-1} + \cdots + a_{n-1}A + a_n I = O$.

该定理告诉我们,任给数域 P 上的矩阵 A,总可以找到数域 P 上的一个多项式使得 $f(A) = O$.

1.2.1 用哈密尔顿–凯莱定理求解可对角化双线性递推数列通项

例1 设数列 $\{a_n\}$ 和 $\{b_n\}$ 满足 $a_0 = 1, b_0 = 0$,且

$$\begin{cases} a_{n+1} = 7a_n + 6b_n - 3 \\ b_{n+1} = 8a_n + 7b_n - 4 \end{cases} \quad (n = 0, 1, 2, \cdots)$$

证明: $a_n (n = 0, 1, 2, \cdots)$ 是完全平方数.（2000年,全国高中数学联赛）

证明 将递推关系用矩阵表示: $\begin{pmatrix} a_{n+1} \\ b_{n+1} \end{pmatrix} = \begin{pmatrix} 7 & 6 \\ 8 & 7 \end{pmatrix} \cdot \begin{pmatrix} a_n \\ b_n \end{pmatrix} + \begin{pmatrix} -3 \\ -4 \end{pmatrix}$,令 $A = \begin{pmatrix} 7 & 6 \\ 8 & 7 \end{pmatrix}, B = \begin{pmatrix} -3 \\ -4 \end{pmatrix}$,则

$$\begin{pmatrix} a_n \\ b_n \end{pmatrix} = A \begin{pmatrix} a_{n-1} \\ b_{n-1} \end{pmatrix} + B$$

$$= A^n \begin{pmatrix} a_0 \\ b_0 \end{pmatrix} + (A^{n-1} + A^{n-2} + \cdots + A + I)B$$

$$|\lambda I - A| = \begin{vmatrix} \lambda - 7 & -6 \\ -8 & \lambda - 7 \end{vmatrix} = \lambda^2 - 14\lambda + 1$$

于是 A 的特征根为 $\lambda_1 = 7 - 4\sqrt{3}, \lambda_2 = 7 + 4\sqrt{3}$. 由哈密尔顿-凯莱定理得 $(A - \lambda_1 I)(A - \lambda_2 I) = O$. 于是令

$$C = \frac{A - \lambda_2 I}{\lambda_1 - \lambda_2}, D = \frac{-A + \lambda_1 I}{\lambda_1 - \lambda_2},\text{则}$$

$$C + D = I$$

$$CD = DC = O$$

$$A = \lambda_1 C + \lambda_2 D$$

$$C^2 = (I - D)C = C$$

$$C^3 = C^2 C = C^2 = C$$

$$\vdots$$

$$C^n = C$$

同理 $D^n = D$,所以

$$\begin{aligned}
A^n &= (\lambda_1 C + \lambda_2 D)^n \\
&= (\lambda_1 C)^n + C_n^1 (\lambda_1 C)^{n-1}(\lambda_2 D) + \cdots + C_n^n (\lambda_2 D)^n \\
&= \lambda_1^n C^n + \lambda_2^n D^n \\
&= \lambda_1^n C + \lambda_2^n D \\
&= \lambda_1^n \begin{pmatrix} \frac{1}{2} & -\frac{\sqrt{3}}{4} \\ -\frac{\sqrt{3}}{3} & \frac{1}{2} \end{pmatrix} + \lambda_2^n \begin{pmatrix} \frac{1}{2} & \frac{\sqrt{3}}{4} \\ \frac{\sqrt{3}}{3} & \frac{1}{2} \end{pmatrix}
\end{aligned}$$

Hamilton – Cayley 定理

$$= \begin{pmatrix} \dfrac{1}{2}(\lambda_1^n + \lambda_2^n) & \dfrac{\sqrt{3}}{4}(\lambda_2^n - \lambda_1^n) \\ \dfrac{\sqrt{3}}{3}(\lambda_2^n - \lambda_1^n) & \dfrac{1}{2}(\lambda_1^n + \lambda_2^n) \end{pmatrix}$$

因为
$$I - A^n = I^n - A^n = (I - A)(I + A + \cdots + A^{n-1})$$

所以
$$I + A + \cdots + A^{n-1} = (I - A)^{-1}(I - A^n)$$

又
$$(I - A)^{-1} = \begin{pmatrix} -6 & -6 \\ -8 & -6 \end{pmatrix}^{-1} = \begin{pmatrix} \dfrac{1}{2} & -\dfrac{1}{2} \\ -\dfrac{2}{3} & \dfrac{1}{2} \end{pmatrix}$$

$$(I - A)^{-1}(I - A^n) = \begin{pmatrix} \dfrac{1}{2} & -\dfrac{1}{2} \\ -\dfrac{2}{3} & \dfrac{1}{2} \end{pmatrix} \cdot$$

$$\begin{pmatrix} 1 - \left(\dfrac{1}{2}\lambda_1^n + \dfrac{1}{2}\lambda_2^n\right) & \dfrac{\sqrt{3}}{4}\lambda_1^n - \dfrac{\sqrt{3}}{4}\lambda_2^n \\ \dfrac{\sqrt{3}}{3}\lambda_1^n - \dfrac{\sqrt{3}}{3}\lambda_2^n & 1 - \left(\dfrac{1}{2}\lambda_1^n + \dfrac{1}{2}\lambda_2^n\right) \end{pmatrix}$$

于是有
$$\begin{pmatrix} a_n \\ b_n \end{pmatrix} = A^n \begin{pmatrix} 1 \\ 0 \end{pmatrix} +$$

$$\begin{pmatrix} 1 - \left(\dfrac{1}{2}\lambda_1^n + \dfrac{1}{2}\lambda_2^n\right) & \dfrac{\sqrt{3}}{4}\lambda_1^n - \dfrac{\sqrt{3}}{4}\lambda_2^n \\ \dfrac{\sqrt{3}}{3}\lambda_1^n - \dfrac{\sqrt{3}}{3}\lambda_2^n & 1 - \left(\dfrac{1}{2}\lambda_1^n + \dfrac{1}{2}\lambda_2^n\right) \end{pmatrix} \begin{pmatrix} -3 \\ -4 \end{pmatrix}$$

第 1 章 引 言

$$= \begin{pmatrix} \frac{1}{2} + \frac{1}{4}(\lambda_1^n + \lambda_2^n) & \\ & * \end{pmatrix}$$

因此

$$a_n = \frac{1}{2} + \frac{1}{4}(7 - 4\sqrt{3})^n + \frac{1}{4}(7 + 4\sqrt{3})^n$$

$$= \left[\frac{1}{2}(2-\sqrt{3})^n + \frac{1}{2}(2+\sqrt{3})^n\right]^2$$

由二项式定理得

$$\frac{1}{2}(2-\sqrt{3})^n + \frac{1}{2}(2+\sqrt{3})^n = \sum_{0 \leq 2m \leq n} C_n^{2m} 2^{n-2m} 3^m \in \mathbf{N}^*$$

所以 a_n 为完全平方数.

(此题另两个证法见 1.1 节)

1.2.2 用哈密尔顿-凯莱定理求解不可对角化双线性递推数列通项

例 2 已知数列 $\{a_n\}$ 和 $\{b_n\}$ 满足

$$\begin{cases} a_{n+1} = 3a_n - b_n \\ b_{n+1} = a_n + b_n \end{cases}$$

且 $a_1 = a, b_1 = b$,求数列 $\{a_n\}$ 和 $\{b_n\}$ 的通项公式.

解 将递推式改写成矩阵形式:$\begin{pmatrix} a_{n+1} \\ b_{n+1} \end{pmatrix} = \begin{pmatrix} 3 & -1 \\ 1 & 1 \end{pmatrix} \begin{pmatrix} a_n \\ b_n \end{pmatrix}$,令 $\mathbf{A} = \begin{pmatrix} 3 & -1 \\ 1 & 1 \end{pmatrix}$,则

$$\begin{pmatrix} a_n \\ b_n \end{pmatrix} = \mathbf{A} \begin{pmatrix} a_{n-1} \\ b_{n-1} \end{pmatrix} = \cdots = \mathbf{A}^{n-1} \begin{pmatrix} a_1 \\ b_1 \end{pmatrix}$$

$\mathbf{A}$ 的特征多项式

Hamilton – Cayley 定理

$$f(\lambda) = |\lambda I - A| = \begin{vmatrix} \lambda - 3 & 1 \\ -1 & \lambda - 1 \end{vmatrix} = (\lambda - 2)^2$$

即特征根出现重根 $\lambda_1 = \lambda_2 = 2$,此时 A 不能对角化. 但由哈密尔顿 – 凯莱定理知,$f(A) = O$,即 $(A - \lambda_1 I)^2 = O$,令 $B = A - \lambda_1 I$,则

$$B^2 = (A - \lambda_1 I)^2 = O$$

$$\begin{aligned}
A^n &= (\lambda_1 I + B)^n \\
&= (\lambda_1 I)^n + C_n^1 (\lambda_1 I)^{n-1} B + \\
&\quad C_n^2 (\lambda_1 I)^{n-2} B^2 + \cdots + C_n^n B^n \\
&= \lambda_1^n I + n \lambda_1^{n-1} B \\
&= \lambda_1^n I + n \lambda_1^{n-1} (A - \lambda_1 I) \\
&= n \lambda_1^{n-1} A - (n-1) \lambda_1^n I \\
&= n \lambda_1^{n-1} \begin{pmatrix} 3 & -1 \\ 1 & 1 \end{pmatrix} - (n-1) \lambda_1^n \begin{pmatrix} 1 & 0 \\ 0 & 1 \end{pmatrix} \\
&= \begin{pmatrix} 3n\lambda_1^{n-1} - (n-1)\lambda_1^n & -n\lambda_1^{n-1} \\ n\lambda_1^{n-1} & n\lambda_1^{n-1} - (n-1)\lambda_1^n \end{pmatrix} \\
&= \begin{pmatrix} (n+2)\lambda_1^{n-1} & -n\lambda_1^{n-1} \\ * & * \end{pmatrix}
\end{aligned}$$

于是有

$$\begin{pmatrix} a_n \\ b_n \end{pmatrix} = \begin{pmatrix} (n+1)\lambda_1^{n-2} & -(n-1)\lambda_1^{n-2} \\ * & * \end{pmatrix} \begin{pmatrix} a \\ b \end{pmatrix}$$

因此

$$\begin{aligned}
a_n &= (n+1)\lambda_1^{n-2} a - (n-1)\lambda_1^{n-2} b \\
&= (n+1) 2^{n-2} a - (n-1) 2^{n-2} b
\end{aligned}$$

第1章 引言

本节主要应用哈密尔顿-凯莱定理和二项式定理等知识求解两类双线性递推数列通项,充分体现了新课程中新增内容矩阵和新课程中的传统内容数列的有机统一,有助于拓展教师的解题视角.

所有的线性递推数列均可用矩阵乘法表示,而求特征根和通项公式的过程事实上等价于将矩阵化成约当(Jordan)标准形.

例3 令 M_1 为 $1,2,3,4,5$ 的所有排列组成的集合. 对 k 进行归纳定义 $M_k(k \in \mathbf{N})$

$$M_{k+1} = \{A_{k+1} = (a_1+a_2, a_2+a_3, a_3+a_4, a_4+a_5, a_5+a_1) \mid A_k = (a_1,a_2,a_3,a_4,a_5) \in M_k\}$$

求对于每一个 $k \in \mathbf{N}, N_k = \min\limits_{A_k \in M_k} \max\limits_{1 \le i \le 5} a_i$.[5]

(2012年,第20届朝鲜数学奥林匹克)

分析 设 $(a_1,b_1,c_1,d_1,e_1) \in M_1$. 由其递推到 M_k 时的数组为 (a_k,b_k,c_k,d_k,e_k). 题中要求的即为 $\max(a_k,b_k,c_k,d_k,e_k)$ 的最小值.

注意到,每递推一次,所有数之和变为原来的两倍,故 $\max(a_k,b_k,c_k,d_k,e_k)$ 取到最小值时,应为 a_k,b_k,c_k,d_k,e_k 较为平均时,可使用类似方差的量进行描述. 为了简化问题,先将 a_1,b_1,c_1,d_1,e_1 均减去 3,则 a_k,b_k,c_k,d_k,e_k 均会被减去 $3 \times 2^{k-1}$,且和为 0. 于是,定义

$$X_k = a_k^2 + b_k^2 + c_k^2 + d_k^2 + e_k^2$$

目的是希望 X_k 尽量小.

为了计算 X_k,应辅以另两个值

$$Y_k = a_k b_k + b_k c_k + c_k d_k + d_k e_k + e_k a_k$$

Hamilton – Cayley 定理

$$Z_k = a_k c_k + b_k d_k + c_k e_k + d_k a_k + e_k b_k$$

不难算出 X_k, Y_k, Z_k 的递推关系为

$$(X_{k+1}, Y_{k+1}, Z_{k+1}) = (X_k, Y_k, Z_k) \cdot A$$

其中,矩阵 $A = \begin{pmatrix} 2 & 1 & 0 \\ 2 & 2 & 1 \\ 0 & 1 & 3 \end{pmatrix}$.

为求通项公式,需要将矩阵 A 化成约当标准形.

注意到,矩阵 A 只有三阶,且有一个特征值,已知为 4(因为 a_k, b_k, c_k, d_k, e_k 每变化一次,平均增长到原来的两倍).

不难算得

$$A = \begin{pmatrix} \dfrac{1}{2} & 1 & 1 \\ 1 & \dfrac{-1+\sqrt{5}}{2} & \dfrac{-1-\sqrt{5}}{2} \\ 1 & \dfrac{-1-\sqrt{5}}{2} & \dfrac{-1+\sqrt{5}}{2} \end{pmatrix} \cdot \begin{pmatrix} 4 & 0 & 0 \\ 0 & \dfrac{3+\sqrt{5}}{2} & 0 \\ 0 & 0 & \dfrac{3-\sqrt{5}}{2} \end{pmatrix} \cdot$$

$$\begin{pmatrix} \dfrac{1}{2} & 1 & 1 \\ 1 & \dfrac{-1+\sqrt{5}}{2} & \dfrac{-1-\sqrt{5}}{2} \\ 1 & \dfrac{-1-\sqrt{5}}{2} & \dfrac{-1+\sqrt{5}}{2} \end{pmatrix}^{-1}$$

由此进行迭代,计算逆矩阵得

第 1 章 引　言

$$(X_k, Y_k, Z_k)$$

$$= (X_1, Y_1, Z_1) \begin{pmatrix} \dfrac{1}{2} & 1 & 1 \\ 1 & \dfrac{-1+\sqrt{5}}{2} & \dfrac{-1-\sqrt{5}}{2} \\ 1 & \dfrac{-1-\sqrt{5}}{2} & \dfrac{-1+\sqrt{5}}{2} \end{pmatrix} \cdot$$

$$\begin{pmatrix} 4 & 0 & 0 \\ 0 & \dfrac{3+\sqrt{5}}{2} & 0 \\ 0 & 0 & \dfrac{3-\sqrt{5}}{2} \end{pmatrix}^{k-1} \cdot \begin{pmatrix} \dfrac{2}{5} & \dfrac{2}{5} & \dfrac{2}{5} \\ \dfrac{2}{5} & \dfrac{-1+\sqrt{5}}{10} & \dfrac{-1-\sqrt{5}}{10} \\ \dfrac{2}{5} & \dfrac{-1-\sqrt{5}}{10} & \dfrac{-1+\sqrt{5}}{10} \end{pmatrix}$$

由于只关心 X_k，故解得

$$X_k = \frac{2}{5} \Big[\Big(\frac{X_1}{2} + Y_1 + Z_1 \Big) 4^{k-1} + \Big(X_1 + \frac{-1+\sqrt{5}}{2} Y_1 + \frac{-1-\sqrt{5}}{2} Z_1 \Big) \Big(\frac{3+\sqrt{5}}{2} \Big)^{k-1} + \Big(X_1 + \frac{-1-\sqrt{5}}{2} Y_1 + \frac{-1+\sqrt{5}}{2} Z_1 \Big) \Big(\frac{3-\sqrt{5}}{2} \Big)^{k-1} \Big] \quad (1)$$

注意到，$X_1 = 10, Y_1 + Z_1 = -\dfrac{X_1}{2} = -5.$

在式(1)中只保留 Z_1 得

$$X_k = \Big(5 - \sqrt{5} - \frac{2\sqrt{5}}{5} Z_1 \Big) \Big(\frac{3+\sqrt{5}}{2} \Big)^{k-1} + \Big(5 - \sqrt{5} + \frac{2\sqrt{5}}{5} Z_1 \Big) \Big(\frac{3-\sqrt{5}}{2} \Big)^{k-1}$$

观察上式,知当 $k>1$ 时,Z_1 越大,X_k 越小.

于是,接下来先计算 Z_1 的最大值.

注意到,Z_1 的五个加项中最多有两项为正 $((+2)(+1)=(-2)(-1)=2)$,两项为0,还至少有一项为负(至少为 -1),故 $Z_1 \leqslant 3$,等号当且仅当减去3之后的 a_1,b_1,c_1,d_1,e_1 为 $(0,1,-2,2,-1)$ 的项链排列时成立.

下面只需计算此情形下 $\max(a_k,b_k,c_k,d_k,e_k)$ 的值,并用方差的方法说明此值最小即可.

不妨设
$$(a_1,b_1,c_1,d_1,e_1)=(0,1,-2,2,-1)$$

计算 $\max(a_k,b_k,c_k,d_k,e_k)$ 时,不能再使用方差,也不能使用五个元素的递推,否则过于复杂. 应注意到,将 a_k,b_k,c_k,d_k,e_k 圆周排列后,一定有一个0,且0两侧元素对应互为相反数,故使用两个元素的递推. 事实上,数组 $(0,m,n,-n,-m)$ 递推一次后变成 $(0,n,n+m,-(n+m),-n)$(项链排列意义下).

由数列递推不难得到
$$\max(a_k,b_k,c_k,d_k,e_k)=\begin{cases}1,2\leqslant k\leqslant 5\\ F_{k-4},k\geqslant 6\end{cases}$$

其中,$F_0=F_1=1,F_{n+1}=F_n+F_{n-1}$ 为斐波那契数列.

最后,只需证明按上面情形算出的 $\max(a_k,b_k,c_k,d_k,e_k)$ 为最小可能值即可.

当 $2\leqslant k\leqslant 5$ 时,因为每个数均为整数,和为0且不能均为0,所以,这是显然的.

当 $k \geq 6$ 时,若有另一种初始排列使得
$$\max(a_k, b_k, c_k, d_k, e_k) < F_{k-4}$$
则由斐波那契数列通项公式
$$F_n = \frac{1}{\sqrt{5}}\left[\left(\frac{1+\sqrt{5}}{2}\right)^{n+1} + \left(\frac{1-\sqrt{5}}{2}\right)^{n+1}\right]$$
得 $\max(a_k, b_k, c_k, d_k, e_k) \leq F_{k-4} - 1 < \frac{1}{\sqrt{5}}\left(\frac{\sqrt{5}+1}{2}\right)^{k-3}$.

由于 a_k, b_k, c_k, d_k, e_k 有上界,从而,当 X_k 的最大可能值应为 a_k, b_k, c_k, d_k, e_k 中四个达到上界时取到,故
$$X_k \leq 20\left[\frac{1}{\sqrt{5}}\left(\frac{\sqrt{5}+1}{2}\right)^{k-3}\right]^2$$
$$= 4\left(\frac{3+\sqrt{5}}{2}\right)^{k-3}$$
$$= \frac{16}{(3+\sqrt{5})^2}\left(\frac{3+\sqrt{5}}{2}\right)^{k-1}$$
$$< \frac{2}{3}\left(\frac{3+\sqrt{5}}{2}\right)^{k-1}$$

但另一方面,由于 $Z_1 < 3$,故 $Z_1 \leq 2$. 因此
$$X_k > \left(5 - \sqrt{5} - \frac{2\sqrt{5}}{5}Z_1\right)\left(\frac{3+\sqrt{5}}{2}\right)^{k-1}$$
$$\geq \left(5 - \frac{9\sqrt{5}}{5}\right)\left(\frac{3+\sqrt{5}}{2}\right)^{k-1}$$
$$> \frac{4}{5}\left(\frac{3+\sqrt{5}}{2}\right)^{k-1}$$

矛盾.

对于问题的解答,只需将上面的分析整理起来即可.

注 本题也可以进行五个变量的递推求解,但要写出五阶矩阵的对角化,计算量过于复杂,这里略.

1.3 线性分式函数的迭代

武汉市江汉大学数学系的许璐与武汉市前川一中的郑光辉两位老师在 2002 年第 10 期《数学通报》中共同介绍了线性分式函数迭代的公式和应用.

函数的迭代在中学数学竞赛中经常出现. 其迭代公式与应用也有不少文章论及,但多半是对某些整式或特殊的分式函数进行迭代,而一般的分式函数的迭代公式还鲜有谈到. 本节将从多项式理论的角度出发分析得出线性分式函数的 n 次迭代公式,并通过实例说明其结论简捷实用.

定义 1 设函数 $y = f(x)$. 记
$$f_n(x) = \underbrace{f(f\cdots f(x)\cdots)}_{n \uparrow f} \quad (n \in \mathbf{N})$$
则称 $f_n(x)$ 为函数 $f(x)$ 的 n 次迭代,显然, $f_n(x) = f(f_{n-1}(x))$.

定理 1 若 $f(x) = \dfrac{ax+b}{cx+d}$, $f_1(x) = f(x)$, $f_n(x) = f(f_{n-1}(x))$ ($n \geq 2$), a, b, c, d 是保证 $f_n(x)$ 有意义的常数,则有
$$f_n(x) = \frac{[(a-\lambda_2)\lambda_1^n - (a-\lambda_1)\lambda_2^n]x + b(\lambda_1^n - \lambda_2^n)}{c(\lambda_1^n - \lambda_2^n)x + [(d-\lambda_2)\lambda_1^n - (d-\lambda_1)\lambda_2^n]}$$
其中 λ_1, λ_2 为 $\lambda^2 - (a+d)\lambda + (ad-bc) = 0$ 的两异根.

证明 设 $f(x) = \dfrac{ax+b}{cx+d}$ 对应于矩阵 $\boldsymbol{A} = \begin{pmatrix} a & b \\ c & d \end{pmatrix}$，则 $f_n(x)$ 对应的矩阵记为 $\boldsymbol{A}^n$．

（i）当 $n=2$ 时，有 $f_2(x) = f(f_1(x)) = f(f(x)) = \dfrac{(a^2+bc)x + ab+bd}{(ac+cd)x + bc+d^2}$，而 $\boldsymbol{A}^2 = \begin{pmatrix} a & b \\ c & d \end{pmatrix} \boldsymbol{A} = \begin{pmatrix} a & b \\ c & d \end{pmatrix}\begin{pmatrix} a & b \\ c & d \end{pmatrix} = \begin{pmatrix} a^2+bc & ab+bd \\ ac+cd & bc+d^2 \end{pmatrix}$．

所以 $f_2(x)$ 对应于矩阵 $\boldsymbol{A}^2$．

（ii）假设当 $n=k$ 时，$f_k(x) = \dfrac{a_k x + b_k}{c_k x + d_k}$，$f_k(x)$ 对应于矩阵 $\boldsymbol{A}^k = \begin{pmatrix} a_k & b_k \\ c_k & d_k \end{pmatrix}$，那么当 $n=k+1$ 时，$f_{k+1}(x) = f(f_k(x)) = \dfrac{af_k(x)+b}{cf_k(x)+d} = \dfrac{(aa_k+bc_k)x + ab_k+bd_k}{(ca_k+dc_k)x + cb_k+dd_k}$，而 $\boldsymbol{A}^{k+1} = \boldsymbol{A}\boldsymbol{A}^k = \begin{pmatrix} a & b \\ c & d \end{pmatrix}\begin{pmatrix} a_k & b_k \\ c_k & d_k \end{pmatrix} = \begin{pmatrix} aa_k+bc_k & ab_k+bd_k \\ ca_k+dc_k & cb_k+dd_k \end{pmatrix}$．

所以 $f_{k+1}(x)$ 对应于矩阵 $\boldsymbol{A}^{k+1}$．这就证明了当 $n=k+1$ 时命题成立．

故有 $f_n(x)$ 对应于矩阵 $\boldsymbol{A}^n$，于是由《高等代数》[①] 中第七章 §4 知，由 $|\lambda \boldsymbol{I} - \boldsymbol{A}| = \begin{vmatrix} \lambda-a & -b \\ -c & \lambda-d \end{vmatrix} = (\lambda -$

---

① 北京大学数学力学系几何与代数教研室编. 高等代数[M]. 北京：高等教育出版社，1988.

Hamilton – Cayley 定理

$a) \cdot (\lambda - d) - bc = \lambda^2 - (a+d)\lambda + (ad - bc) = 0$,记其特征根分别为 λ_1, λ_2,且设

$$\lambda^n = \xi(\lambda)|\lambda I - A| + \alpha\lambda + \beta \qquad (1)$$

其中 $\xi(\lambda)$ 为关于 λ 的最高次数为 $n-2$ 次的多项式,α, β 为待定系数,将 λ_1, λ_2 分别代入式(1)有

$$\begin{cases} \lambda_1^n = \alpha\lambda_1 + \beta \\ \lambda_2^n = \alpha\lambda_2 + \beta \end{cases}$$

由于 $\lambda_1 \neq \lambda_2$,解得

$$\begin{cases} \alpha = \dfrac{\lambda_1^n - \lambda_2^n}{\lambda_1 - \lambda_2} \\ \beta = \dfrac{\lambda_1\lambda_2(\lambda_2^{n-1} - \lambda_1^{n-1})}{\lambda_1 - \lambda_2} \end{cases}$$

又由哈密尔顿 – 凯莱定理有

$$A^n = \alpha A + \beta I = \begin{pmatrix} a\dfrac{\lambda_1^n - \lambda_2^n}{\lambda_1 - \lambda_2} + \gamma & b\dfrac{\lambda_1^n - \lambda_2^n}{\lambda_1 - \lambda_2} \\ c\dfrac{\lambda_1^n - \lambda_2^n}{\lambda_1 - \lambda_2} & d\dfrac{\lambda_1^n - \lambda_2^n}{\lambda_1 - \lambda_2} + \gamma \end{pmatrix}$$

其中 $\gamma = \dfrac{\lambda_1\lambda_2(\lambda_2^{n-1} - \lambda_1^{n-1})}{\lambda_1 - \lambda_2}$.

于是有

$$f_n(x) = \dfrac{\left[a\dfrac{\lambda_1^n - \lambda_2^n}{\lambda_1 - \lambda_2} + \dfrac{\lambda_1\lambda_2(\lambda_2^{n-1} - \lambda_1^{n-1})}{\lambda_1 - \lambda_2}\right]x + b\dfrac{\lambda_1^n - \lambda_2^n}{\lambda_1 - \lambda_2}}{c\dfrac{\lambda_1^n - \lambda_2^n}{\lambda_1 - \lambda_2}x + \left[d\dfrac{\lambda_1^n - \lambda_2^n}{\lambda_1 - \lambda_2} + \dfrac{\lambda_1\lambda_2(\lambda_2^{n-1} - \lambda_1^{n-1})}{\lambda_1 - \lambda_2}\right]}$$

$$= \dfrac{[(a - \lambda_2)\lambda_1^n - (a - \lambda_1)\lambda_2^n]x + b(\lambda_1^n - \lambda_2^n)}{c(\lambda_1^n - \lambda_2^n)x + [(d - \lambda_2)\lambda_1^n - (d - \lambda_1)\lambda_2^n]}$$

证毕.

当定理中 $d = -a$ 时,即得.

推论 1 若 $f(x) = \dfrac{ax+b}{cx-a}, f_1(x) = f(x), f_n(x) = f(f_{n-1}(x))(n \geq 2)$,其中 a, b, c 是使 $f_n(x)$ 有意义的常数,则有

$$f_n(x) = \begin{cases} f(x) & (n \text{ 为奇数}) \\ x & (n \text{ 为偶数}) \end{cases}$$

当定理中 $c = 0, d = 1$ 时,即得.

推论 2 若 $f(x) = ax + b, f_1(x) = f(x), f_n(x) = f(f_{n-1}(x))(n \geq 2)$,则有

$$f_n(x) = \begin{cases} a^n x + b \dfrac{1-a^n}{1-a} & (a \neq 1) \\ x + nb & (a = 1) \end{cases}$$

下面举例说明其应用:

例 1 若 $f(x) = \dfrac{4x-2}{x+1}$,求 $f_n(x)$.

解 由定理易求 $\lambda_1 = 2, \lambda_2 = 3$,所以

$$f_n(x) = \dfrac{[(4-3)2^n - (4-2)3^n]x + (-2)(2^n - 3^n)}{(2^n - 3^n)x + [(1-3)2^n - (1-2)3^n]}$$

$$= \dfrac{(2 \times 3^n - 2^n)x - 2(3^n - 2^n)}{(3^n - 2^n)x - (3^n - 2^{n+1})}.$$

例 2 若 $f(x) = x + 1$,求 $f_n(x)$.

解 由推论 2 易得 $f_n(x) = x + n$.

例 3 若 $f(x) = \dfrac{5x+13}{2x-5}$,求 $f_{10}(x)$.

解 由推论 1 知 $f_{10}(x) = x$.

1.4　n 次迭代还原函数及其探究过程

1.4.1　引言

福建省福州市福建师范大学的吴威教授 2015 年在教学过程中,曾接触过这样一个习题:已知 $f(x)=\dfrac{1}{1-x}$,若 $a_1=2$,$a_{n+1}=f(a_n)$,n 为正整数,求 $a_{2\,013}=$ (　　).这是一个数列的探究规律问题,$a_{n+3}=a_n$,$a_1=2$,$a_2=-1$,$a_3=\dfrac{1}{2}$,$a_n=a_i(i=1,2,3,n\equiv i(\bmod 3))$,所以 $a_{2\,013}=a_1=2$.

当此题变式为 $f(x)=1-\dfrac{1}{x}$ 时,也有类似的结果.

对于 $f(f(f(x)))=x$ 这个函数方程,易知 $f(x)=x$,$f(x)=\dfrac{1}{1-x}$ 与 $f(x)=1-\dfrac{1}{x}$ 均是它的解.把这个问题一般化,给出定义:规定 $f^n(x)=\underbrace{f(f(f(\cdots f(x)\cdots)))}_{n\text{个}f(x)\text{迭代}}$,把 $f^n(x)=x$ 的函数方程的解称为 n 次迭代还原函数.

1.4.2　初步探究过程

(1) 首先研究 $n=2$ 的情况,先在整式函数范围内研究.显然 $f(x)$ 不是 0 次的常数函数.若 $f(x)$ 是一次函数,设 $f(x)=ax+b(a\ne 0)$ 代入 $f(f(x))=x$ 得 $a^2x+ab+b=x$,即 $\begin{cases}a^2=1\\ab+b=0\end{cases}\Rightarrow\begin{cases}a=1\\b=0\end{cases}$ 或 $\begin{cases}a=-1\\b\in\mathbf{R}\end{cases}$,则 $f(x)=x$ 与 $f(x)=-x+b$ 为 $f^2(x)=x$ 在整式函数范

围内的解. 接下来容易证明 $f(x)$ 的次数不能超过 1.

（2）研究 $n=3$ 的情况, 求 $f^3(x)=x$ 的解.

仍用待定系数法求方程 $f^3(x)=x$ 的解, 将方程变形为 $f^2(x)=f^{-1}(x)$, $f(x)=\dfrac{1}{ax+b}$ 的反函数为 $f^{-1}(x)=\dfrac{1-bx}{ax}(a\neq 0)$, $f^2(x)=\dfrac{ax+b}{abx+(b^2+a)}$, 所以

$$a^2x^2+abx=-ab^2x^2+(-b^3)x+b^2+a$$

所以 $\begin{cases} a^2+ab^2=0, \\ ab+b^3=0, \\ b^2+a=0, \end{cases}$ 显然得 $a=-b^2$ 为通解.

即 $f(x)=\dfrac{1}{b-b^2x}(b\neq 0)$ 是方程 $f^3(x)=0$ 的解.

可以证明 $g(x)=f^{-1}(x)=\dfrac{1}{b}-\dfrac{1}{b^2x}$ 也是方程. 并且, 两组函数的对应图像可以通过平移完全重合.

（3）探索 $n=4$ 时, $f^4(x)=x$ 的解: 把问题转化为 $f^2(x)=f^{-2}(x)$.

但是当考虑 $n=5$ 的情况时, 哪怕用 $f^3(x)=f^{-2}(x)$ 来转化思路, 计算量也非常大, 从中可以看出"待定系数法"这一数学方法的优点及其局限性所在.

（3）研究函数 $f(x)=\dfrac{ax+b}{cx+d}$ 的性质, 求解函数方程 $f^n(x)=x$.

回顾前文的研究结果, 猜想: 前面所得 $f^n(x)=x$ 的解均在一个这样的域 H 内, $H=\{f(x)\mid f(x)=$

$\frac{ax+b}{cx+d}$,其中 $ab-cd\neq 0\}$.

于是研究的问题变为:在 H 的范围内,解决这个函数方程.

由于待定系数法解决问题的局限性,之后的结论利用矩阵和不动点方程的知识证明.

可以证明以下结论和推论:

若 $f(x)=\frac{ax+b}{cx+d}$, $f^n(x)=f(f^{n-1}(x))$ ($n\geq 2$ 且 $n\in \mathbf{N}^*$),当 a,b,c,d 是使函数方程 $f^n(x)=x$ ($n\geq 2$ 且 $n\in \mathbf{N}^*$) 有意义的常数时,则有:

结论1 设 $f(x)=\frac{ax+b}{cx+d}$,对应的矩阵为 $\boldsymbol{A}=\begin{pmatrix}a & b\\ c & d\end{pmatrix}$,则 $f^n(x)$ 对应的矩阵为 $\boldsymbol{A}^n$.

结论2

$$f^n(x)=\frac{\{[a(\lambda_1^n-\lambda_2^n)+\lambda_1\lambda_2\cdot(\lambda_2^{n-1}-\lambda_1^{n-1})]x+b(\lambda_1^n-\lambda_2^n)\}}{\{c(\lambda_1^n-\lambda_2^n)x+d(\lambda_1^n-\lambda_2^n)+\lambda_1\lambda_2\cdot(\lambda_2^{n-1}-\lambda_1^{n-1})\}}$$

其中 λ_1,λ_2 是 $\lambda^2-(a+d)\lambda+(ad-bc)=0$ 两相异实根.

推论1 当 $\lambda_1\neq\lambda_2$ 时,若 $a+d=0$,则 $f(x)$ 是 $f^n(x)=x$ 的解,且 n 为偶数;若 $a+d\neq 0$,则 $f^n(x)=x$ 无解.

推论2 当 $\lambda_1\neq\lambda_2$ 时,若 $a+d=0$,则 $f^n(x)=f(x)$,且 n 为奇数.

推论3 当 $\lambda_1\neq\lambda_2$ 时,若 $\lambda_1^{n-1}\neq\lambda_2^{n-1}$ 且 $\lambda_1^n=\lambda_2^n$,则 $f(x)$ 是 $f^n(x)=x$ 的解.

第1章 引 言

结论3 $f^n(x) = \dfrac{[an+\lambda_1-n\lambda_1]x+bn}{cnx+dn+\lambda_1-n\lambda_1}$,其中 λ_1,λ_2 是 $\lambda^2-(a+d)\lambda+(ad-bc)=0$ 两相等实根.

推论4 当 λ_1,λ_2 是 $\lambda^2-(a+d)\lambda+(ad-bc)=0$ 两相等实根时,$f^n(x)=x$ 无解.

结论4 对于特征方程 $\lambda^2-(a+d)\lambda+(ad-bc)=0$,当 $\Delta<0$ 时,$f(x)$ 有一对共轭复特征值:

若 $a+d=0$,则 $f(x)$ 是 $f^n(x)=x$ 的解,且 n 为偶数;若 $a+d\neq 0$,有

$a^2+d^2+ad+bc=0$ 时,有 $f^3(x)-x$

$a^2+d^2+2bc=0$ 时,有 $f^4(x)=x$

$a^2+d^2+3bc-ad=0$ 时,有 $f^6(x)=x$

$a^2+d^2+(2+\sqrt{2})bc-\sqrt{2}ad=0$ 时,有 $f^8(x)=x$

证明 (1)用数学归纳法容易证明结论1.

(2)矩阵 $\boldsymbol{A}$ 的特征多项式为

$$|\lambda\boldsymbol{I}-\boldsymbol{A}|=\begin{vmatrix}\lambda-a & -b \\ -c & \lambda-d\end{vmatrix}=\lambda^2-(a+d)\lambda+(ad-bc)$$

令 $\lambda^2-(a+d)\lambda+(ad-bc)=0$,设实特征根为 λ_1,λ_2,且 $\lambda^n=f(\lambda)|\lambda\boldsymbol{I}-\boldsymbol{A}|+m\lambda+n$($f(\lambda)$ 是关于 λ 的最高次数为 $n-2$ 的多项式,m,n 为常数).

①若 $\lambda_1\neq\lambda_2$,则有 $\begin{cases}\lambda_1^n=m\lambda_1+n \\ \lambda_2^n=m\lambda_2+n\end{cases}$,故

$$\begin{cases}m=\dfrac{\lambda_1^n-\lambda_2^n}{\lambda_1-\lambda_2} \\ n=\dfrac{\lambda_1\lambda_2\cdot(\lambda_2^{n-1}-\lambda_1^{n-1})}{\lambda_1-\lambda_2}\end{cases}$$

Hamilton – Cayley 定理

根据哈密尔顿-凯莱定理,有

$$A^n = mA + nI = \begin{pmatrix} a\dfrac{\lambda_1^n - \lambda_2^n}{\lambda_1 - \lambda_2} + \dfrac{\lambda_1\lambda_2 \cdot (\lambda_2^{n-1} - \lambda_1^{n-1})}{\lambda_1 - \lambda_2} & b\dfrac{\lambda_1^n - \lambda_2^n}{\lambda_1 - \lambda_2} \\ c\dfrac{\lambda_1^n - \lambda_2^n}{\lambda_1 - \lambda_2} & d\dfrac{\lambda_1^n - \lambda_2^n}{\lambda_1 - \lambda_2} + \dfrac{\lambda_1\lambda_2 \cdot (\lambda_2^{n-1} - \lambda_1^{n-1})}{\lambda_1 - \lambda_2} \end{pmatrix}$$

即

$$f^n(x) = \frac{\{[a(\lambda_1^n - \lambda_2^n) + \lambda_1\lambda_2 \cdot (\lambda_2^{n-1} - \lambda_1^{n-1})]x + b(\lambda_1^n - \lambda_2^n)\}}{\{c(\lambda_1^n - \lambda_2^n)x + d(\lambda_1^n - \lambda_2^n) + \lambda_1\lambda_2 \cdot (\lambda_2^{n-1} - \lambda_1^{n-1})\}}$$

则结论 2 得证.

若 $a + d = 0$,则 $\lambda^2 - (a+d)\lambda + (ad - bc) = \lambda^2 + (-d^2 - bc) = 0$,故 $\lambda_1 = -\lambda_2$. 当 n 为偶数时,代入 $f^n(x)$ 的表达式得 $f^n(x) = x$,推论 1 得证;当 n 为奇数时,代入 $f^n(x)$ 的表达式得 $f^n(x) = \dfrac{ax+b}{cx+d} = f(x)$,推论 2 得证.

由结论 2 可知,当 $\lambda_1 \neq \lambda_2$ 时,若 $\lambda_1^{n-1} \neq \lambda_2^{n-1}$ 且 $\lambda_1^n = \lambda_2^n$,有 $f^n(x) = x$,即 $f(x)$ 是 $f^n(x) = x$ 的解,推论 3 得证.

②若 $\lambda_1 = \lambda_2$,则 $|\lambda I - A| = \begin{vmatrix} \lambda - a & -b \\ -c & \lambda - d \end{vmatrix} = \lambda^2 - (a+d)\lambda + (ad - bc) = (\lambda - \lambda_1)^2$,且 $\lambda^n = [(\lambda - \lambda_1) + \lambda_1]^n = |\lambda I - A|f(\lambda) + \cdots + C_n^{n-1}\lambda_1^{n-1}(\lambda - \lambda_1) + C_n^n\lambda_1^n$,

第1章 引　言

由 $\lambda^n = f(\lambda) \cdot |\lambda\boldsymbol{I} - \boldsymbol{A}| + m\lambda + n$，得 $\begin{cases} m = n\lambda_1^{n-1} \\ n = \lambda_1^n - n\lambda_1^n \end{cases}$.

根据哈密尔顿－凯莱定理，有 $\boldsymbol{A}^n = m\boldsymbol{A} + n\boldsymbol{I} = \begin{pmatrix} an\lambda_1^{n-1} + \lambda_1^n - n\lambda_1^n & bn\lambda_1^{n-1} \\ cn\lambda_1^{n-1} & dn\lambda_1^{n-1} + \lambda_1^n - n\lambda_1^n \end{pmatrix}$，即 $f^n(x) = \dfrac{[an + \lambda_1 - n\lambda_1]x + bn}{cnx + dn + \lambda_1 - n\lambda_1}$，结论 3 得证.

由 $f^n(x) = \dfrac{[an + \lambda_1 - n\lambda_1]x + bn}{cnx + dn + \lambda_1 - n\lambda_1}$，可知：令 $f^n(x) = \dfrac{[an + \lambda_1 - n\lambda_1]x + bn}{cnx + dn + \lambda_1 - n\lambda_1} = x$，由待定系数法可知：$a = b = c = d = 0$，$f^n(x) = x$ 无解，推论 4 得证.

③由(2)可知，若 $\Delta = (a+d)^2 - 4(ad-bc) = (a-d)^2 + 4bc < 0$，则 $f(x)$ 有一对共轭复特征值

$$\lambda_{1,2} = \dfrac{(a+d) \pm \sqrt{(a-d)^2 + 4bc}}{2} = \dfrac{(a+d) \pm \sqrt{-\Delta}\,\mathrm{i}}{2}$$

若 $a + d = 0$，n 为偶数时，有 $\lambda_1 = -\lambda_2$，$\lambda_1^n = \lambda_2^n$，以下证明同推论 1，可证推论 4.

若 $a + d \neq 0$，令 $x = \dfrac{ax+b}{cx+d}$，有不动点方程：$cx^2 + (d-a)x - b = 0$，且 $\Delta = (a-d)^2 + 4bc < 0$，则

$$\dfrac{f^n(x) - \lambda_1}{f^n(x) - \lambda_2} = \dfrac{(af^{n-1}(x) + b)/(cf^{n-1}(x) + d) - \lambda_1}{(af^{n-1}(x) + b)/(cf^{n-1}(x) + d) - \lambda_2}$$

$$= \dfrac{a - c\lambda_1}{a - c\lambda_2} \cdot \dfrac{f^{n-1}(x) - (d\lambda_1 - b)/(a - c\lambda_1)}{f^{n-1}(x) - (d\lambda_2 - b)/(a - c\lambda_2)}$$

Hamilton – Cayley 定理

由 $\lambda_{1,2} = \dfrac{a\lambda_{1,2}+b}{c\lambda_{1,2}+d}$,有 $\dfrac{d\lambda_1 - b}{a-c\lambda_1} = \lambda_1$,$\dfrac{d\lambda_2-b}{a-c\lambda_2}=\lambda_2$.

设 $k = \dfrac{a-c\lambda_1}{a-c\lambda_2}$,则 $\dfrac{f^n(x)-\lambda_1}{f^n(x)-\lambda_2} = k \cdot \dfrac{f^{n-1}(x)-\lambda_1}{f^{n-1}(x)-\lambda_2} = k^n \cdot \dfrac{x-\lambda_1}{x-\lambda_2}$,则 $k^n = 1$ 等价于 $f^n(x) = x$ 有解,而

$$k + \dfrac{1}{k} = \dfrac{a-c\lambda_1}{a-c\lambda_2} + \dfrac{a-c\lambda_2}{a-c\lambda_1}$$

$$= \dfrac{2a^2 - 2(\lambda_1+\lambda_2)ac + (\lambda_1^2+\lambda_2^2)c^2}{a^2-(\lambda_1+\lambda_2)ac+\lambda_1\lambda_2 c^2}$$

由 $\lambda_1+\lambda_2 = \dfrac{a-d}{c}$,$\lambda_1\lambda_2 = -\dfrac{b}{c}$,化简得 $k + \dfrac{1}{k} = \dfrac{a^2+d^2+2bc}{ad-bc}$. 设 $k = \cos\theta + i\sin\theta$,则 $k + \dfrac{1}{k} = \dfrac{a^2+d^2+2bc}{ad-bc} = 2\cos\theta = 2\cos\dfrac{2t\pi}{n}$ ($t \in \{1,2,\cdots,n-1\}$).

当 $a^2+d^2+ad+bc = 0$ 时,$t = 1,2$,此时有 $n = 3$;

当 $a^2+d^2+2bc = 0$ 时,$t = 1$,此时有 $n = 4$;

当 $a^2+d^2+3bc-ad = 0$ 时,$t = 1,5$,此时有 $n = 6$;

当 $a^2+d^2+(2+\sqrt{2})bc-\sqrt{2}ad = 0$ 时,$t = 1$,此时有 $n = 8$,结论 4 得证.

1.4.3 结论应用

用于 n 次迭代还原函数的构造.

(1)由结论 2,4 可构造,如 $\begin{cases} a = 2 \\ d = -2 \end{cases}$,满足 $a+d = 0$,则 $f(x) = \dfrac{2x+b}{cx-2}$ 是 2 次迭代还原函数.

第 1 章　引　言

（2）由结论 4 可知，当 $f(x)$ 有一对共轭复特征值时，若 $a+d \neq 0$，有：

① 如 $\begin{cases} a=2 \\ b=-3 \\ c=1 \\ d=-1 \end{cases}$ 和 $\begin{cases} a=0 \\ b=1 \\ c=-1 \\ d=1 \end{cases}$ 均满足 $a^2+d^2+ad+bc=0$，则 $f(x)=\dfrac{2x-3}{x-1}$ 和 $f(x)=\dfrac{1}{-x+1}$ 是 3 次迭代还原函数.

② 如 $\begin{cases} a=1 \\ b=-5 \\ c=1 \\ d=-3 \end{cases}$ 满足 $a^2+d^2+2bc=0$，则 $f(x)=\dfrac{x-5}{x-3}$ 是 4 次迭代还原函数.

③ 如 $\begin{cases} a=2 \\ b=-1 \\ c=1 \\ d=1 \end{cases}$ 和 $\begin{cases} a=5 \\ b=12 \\ c=2 \\ d=3 \end{cases}$ 均满足 $a^2+d^2+3bc-ad=0$，则 $f(x)=\dfrac{2x-1}{x+1}$ 和 $f(x)=\dfrac{5x+12}{2x+3}$ 是 6 次迭代还原函数.

④ 如 $\begin{cases} a=1 \\ b=1 \\ c=2\sqrt{2}-3 \\ d=1 \end{cases}$ 满足 $a^2+d^2+(2+\sqrt{2})bc-$

Hamilton – Cayley 定理

$\sqrt{2}ad = 0$,则 $f(x) = \dfrac{x+1}{(2\sqrt{2}-3)x+1}$ 是 8 次迭代还原函数.

(3) 由结论 4 的证明过程可知,如 $t=1$, $n=100$, $f(x) = \dfrac{ax+b}{cx+d}$ 满足 $a^2 + d^2 + 2bc = 2\cos\dfrac{\pi}{50}(ad-bc)$ 时, $f(x)$ 是 100 次迭代还原函数.

对于函数方程 $f^n(x) = x$,本节只从具有特殊代数结构的函数 $f(x) = \dfrac{ax+b}{cx+d}$ 中寻找解,并且能利用得到的结论构造出任意正整数次的迭代还原函数.

参 考 文 献

[1] 曹松青. n 次迭代还原函数的一个构造定理[J]. 数学通讯,2007(3):20.

[2] 房苑萍. n 次迭代还原函数的一个构造定理的改进[J]. 数学通讯,2009(4):34.

[3] 凌道宣. 再谈 n 次迭代还原函数的一个构造定理[J]. 数学通讯,2008(19):32-33.

[4] 唐永. 也谈 n 次迭代还原函数的一个构造定理[J]. 数学通讯,2007(13):20.

[5] 李世杰. 对函数方程迭代解法的商榷[J]. 中学数学教研,2003(9):47-48.

[6] 张伟年. 关于 $f^n(x) = x$ 的讨论[J]. 数学通报,1996(9):43-45.

[7] 何秋生. 函数 $f(x)=1/t-x$ 迭代周期的确定[J]. 中学数学教学参考,1994(4):26-27.

[8] 马俊青. 函数方程求解的迭代周期方法的研究[J]. 甘肃联合大学学报(自然科学版),2007(21):121-122.

[9] 周华生. 线性分式函数 n 次迭代的简便计算[J]. 数学通报,2007(46):58-59.

[10] 许璐,郑光辉. 线性分式函数的迭代[J]. 数学通报,2002(10):42-43.

1.5 高考数列问题的统一解题策略

浙江省余姚市第二中学的黄建锋老师 2015 年纵观高考中的数列问题发现,除了求数列通项外,常见的还有证明数列不等式 $\frac{1}{a_1}+\frac{1}{a_2}+\cdots+\frac{1}{a_n}\leqslant M(\geqslant M)$,其中 M 是常数,他通过待定系数法构造单调数列,统一证明此类数列不等式.

例 1 已知数列 $\{a_n\}$ 满足 $a_1=1, a_{n+1}=3a_n+1$.

(1) 证明 $\left\{a_n+\frac{1}{2}\right\}$ 是等比数列,并求 $\{a_n\}$ 的通项公式;

(2) 证明 $\frac{1}{a_1}+\frac{1}{a_2}+\cdots+\frac{1}{a_n}<\frac{3}{2}$.

(2014 年全国新课标卷 II 理数 17)

分析 将线性分式函数 $f(x)=\dfrac{ax+b}{cx+d}(a,b,c,d\in$

Hamilton – Cayley 定理

$\mathbf{R}, ad \neq bc$)的 n 次迭代问题都转化为与之对应的矩阵 $\begin{pmatrix} a & b \\ c & d \end{pmatrix}$ 的 n 次方幂问题,由于例题中的数列递推问题可以看成是相应线性分式函数的迭代问题,从而可以转化为矩阵的方幂问题,在此启发下得到了如下解法.

证明 (1) 令 $f(x) = 3x + 1$,则 $a_{n+1} = f(a_n) = f(f(a_{n-1})) = \cdots = f_n(a_1)$.

由文献[1],[2]易知函数 $f(x) = 3x + 1$ 的对应矩阵为 $\mathbf{A} = \begin{pmatrix} 3 & 1 \\ 0 & 1 \end{pmatrix}$,$f_n(x)$ 的对应矩阵为 $\mathbf{A}^n$.

因为 $|\lambda \mathbf{I} - \mathbf{A}| = \begin{vmatrix} \lambda - 3 & -1 \\ 0 & \lambda - 1 \end{vmatrix} = (\lambda - 3)(\lambda - 1) = 0$,所以 $\mathbf{A}$ 的特征值为 $\lambda_1 = 1, \lambda_2 = 3$,相应于 λ_1, λ_2 的特征向量分别为 $\boldsymbol{\zeta}_1 = \begin{pmatrix} 1 \\ -2 \end{pmatrix}, \boldsymbol{\zeta}_2 = \begin{pmatrix} 1 \\ 0 \end{pmatrix}$.

现考虑

$$\mathbf{A} \begin{pmatrix} 1 & 1 \\ -2 & 0 \end{pmatrix} = \mathbf{A}(\boldsymbol{\zeta}_1, \boldsymbol{\zeta}_2) = (\mathbf{A}\boldsymbol{\zeta}_1, \mathbf{A}\boldsymbol{\zeta}_2)$$

$$= (\lambda_1 \boldsymbol{\zeta}_1, \lambda_2 \boldsymbol{\zeta}_2) = (\boldsymbol{\zeta}_1, \boldsymbol{\zeta}_2) \begin{pmatrix} \lambda_1 & 0 \\ 0 & \lambda_2 \end{pmatrix}$$

$$= \begin{pmatrix} 1 & 1 \\ -2 & 0 \end{pmatrix} \begin{pmatrix} \lambda_1 & 0 \\ 0 & \lambda_2 \end{pmatrix}$$

令 $P = \begin{pmatrix} 1 & 1 \\ -2 & 0 \end{pmatrix}$,则 P 的逆矩阵

$$P^{-1} = \begin{pmatrix} 0 & -\frac{1}{2} \\ 1 & \frac{1}{2} \end{pmatrix}$$

$$A = \begin{pmatrix} 1 & 1 \\ -2 & 0 \end{pmatrix} \begin{pmatrix} \lambda_1 & 0 \\ 0 & \lambda_2 \end{pmatrix} \begin{pmatrix} 1 & 1 \\ -2 & 0 \end{pmatrix}^{-1} = P \begin{pmatrix} \lambda_1 & 0 \\ 0 & \lambda_2 \end{pmatrix} P^{-1}$$

$$A^n = P \begin{pmatrix} \lambda_1^n & 0 \\ 0 & \lambda_2^n \end{pmatrix} P^{-1} = \begin{pmatrix} 1 & 1 \\ -2 & 0 \end{pmatrix} \begin{pmatrix} \lambda_1^n & 0 \\ 0 & \lambda_2^n \end{pmatrix} \begin{pmatrix} 0 & -\frac{1}{2} \\ 1 & \frac{1}{2} \end{pmatrix}$$

$$= \begin{pmatrix} \lambda_2^n & -\frac{1}{2}\lambda_1^n + \frac{1}{2}\lambda_2^n \\ 0 & \lambda_1^n \end{pmatrix} = \begin{pmatrix} 3^n & -\frac{1}{2} + \frac{1}{2} \cdot 3^n \\ 0 & 1 \end{pmatrix}$$

故 $f_n(x) = 3^n x + (-\frac{1}{2} + \frac{1}{2} \cdot 3^n)$,从而有 $a_{n+1} = f_n(a_1) = f_n(1) = -\frac{1}{2} + \frac{1}{2} \cdot 3^{n+1}$,因此,$a_n = -\frac{1}{2} + \frac{1}{2} \cdot 3^n (n \in \mathbf{N}^*)$.

(2)要证明 $\frac{2}{3^1 - 1} + \frac{2}{3^2 - 1} + \cdots + \frac{2}{3^n - 1} < \frac{3}{2}$,但发现不等式左端是随 n 的增大而增大,如果能够将不等式的左端变成随 n 的增大而减小,那就只需要求出其相应的最大值小于 $\frac{3}{2}$. 于是,构造函数 $f(n) = \frac{2}{3^1 - 1} +$

Hamilton - Cayley 定理

$\frac{2}{3^2-1}+\cdots+\frac{2}{3^n-1}+\frac{a}{3^n}$,$a$ 待定,令 $f(n+1)-f(n) = \frac{2}{3^{n+1}-1}+\frac{a}{3^{n+1}}-\frac{a}{3^n} = \frac{2}{3^{n+1}-1}-\frac{2a}{3^{n+1}} \leq 0$,从而有 $a \geq \frac{3^{n+1}}{3^{n+1}-1}=1+\frac{1}{3^{n+1}-1}$,易知 $(1+\frac{1}{3^{n+1}-1})_{\max}=\frac{9}{8}$. 因此,只要 $a \geq \frac{9}{8}$ 时,$f(n)$ 关于 n 是单调递减的. 特别地,取 $a=\frac{9}{8}$,则 $f(n) \leq f(1) = \frac{11}{8}$,即 $\frac{2}{3^1-1}+\frac{2}{3^2-1}+\cdots+\frac{2}{3^n-1} \leq \frac{11}{8}-\frac{\frac{9}{8}}{3^n} < \frac{11}{8} < \frac{3}{2}$.

注 从第(2)题的证明可以看出高考题可以加强为 $\frac{1}{a_1}+\frac{1}{a_2}+\cdots+\frac{1}{a_n} < \frac{11}{8}$. 当然加强后的新命题也可以用数学归纳法证明,感兴趣的可以自行证明.

例2 设数列 $\{a_n\}$ 的前 n 项和 S_n,满足 $2S_n = a_{n+1}-2^{n+1}+1$,$n \in \mathbf{N}^*$,且 a_1, a_2+5, a_3 成等差数列.

(1) 求 a_1 的值;

(2) 求数列 $\{a_n\}$ 的通项公式;

(3) 证明:对一切正整数 n,有 $\frac{1}{a_1}+\frac{1}{a_2}+\cdots+\frac{1}{a_n} < \frac{3}{2}$.

(2012 年广东高考理科第 19 题)

解 (1) 易知 $a_1 = 1$;

(2) 由 $2S_n = a_{n+1}-2^{n+1}+1$,$2S_{n+1} = a_{n+2}-2^{n+2}+1$,得 $a_{n+2} = 3a_{n+1}+2^{n+1}$.

又 $a_1=1, a_2=5$ 也满足 $a_2=3a_1+2$,所以 $a_{n+1}=3a_n+2^n$ 对 $n\in \mathbf{N}^*$ 成立. 于是

$$\begin{pmatrix} a_n \\ 2^n \end{pmatrix} = \begin{pmatrix} 3 & 1 \\ 0 & 2 \end{pmatrix} \begin{pmatrix} a_{n-1} \\ 2^{n-1} \end{pmatrix} = \begin{pmatrix} 3 & 1 \\ 0 & 2 \end{pmatrix}^{n-1} \begin{pmatrix} a_1 \\ 2 \end{pmatrix}$$

$$= \begin{pmatrix} 3 & 1 \\ 0 & 2 \end{pmatrix}^{n-1} \begin{pmatrix} 1 \\ 2 \end{pmatrix}$$

令 $\boldsymbol{A}=\begin{pmatrix} 3 & 1 \\ 0 & 2 \end{pmatrix}$,则

$$|\lambda \boldsymbol{I}-\boldsymbol{A}| = \begin{vmatrix} \lambda-3 & -1 \\ 0 & \lambda-2 \end{vmatrix} = (\lambda-3)(\lambda-2) = 0$$

$\boldsymbol{A}$ 的特征根为 $\lambda_1=3, \lambda_2=2$,相应于 λ_1, λ_2 的特征向量分别记为 $\boldsymbol{\zeta}_1=\begin{pmatrix} 1 \\ 0 \end{pmatrix}, \boldsymbol{\zeta}_2=\begin{pmatrix} 1 \\ -1 \end{pmatrix}$,现考虑

$$\boldsymbol{A}\begin{pmatrix} 1 & 1 \\ 0 & -1 \end{pmatrix} = \boldsymbol{A}(\boldsymbol{\zeta}_1, \boldsymbol{\zeta}_2) = (\boldsymbol{A}\boldsymbol{\zeta}_1, \boldsymbol{A}\boldsymbol{\zeta}_2) = (\lambda_1\boldsymbol{\zeta}_1, \lambda_2\boldsymbol{\zeta}_2) = (\boldsymbol{\zeta}_1, \boldsymbol{\zeta}_2)\begin{pmatrix} \lambda_1 & 0 \\ 0 & \lambda_2 \end{pmatrix} = \begin{pmatrix} 1 & 1 \\ 0 & -1 \end{pmatrix}\begin{pmatrix} \lambda_1 & 0 \\ 0 & \lambda_2 \end{pmatrix}.$$

令 $\boldsymbol{P}=\begin{pmatrix} 1 & 1 \\ 0 & -1 \end{pmatrix}$,则 $\boldsymbol{P}$ 的逆矩阵 $\boldsymbol{P}^{-1}=\begin{pmatrix} 1 & 1 \\ 0 & -1 \end{pmatrix}$,

故 $\boldsymbol{A}=\begin{pmatrix} 1 & 1 \\ 0 & -1 \end{pmatrix}\begin{pmatrix} \lambda_1 & 0 \\ 0 & \lambda_2 \end{pmatrix}\begin{pmatrix} 1 & 1 \\ 0 & -1 \end{pmatrix}^{-1} = \boldsymbol{P}\begin{pmatrix} \lambda_1 & 0 \\ 0 & \lambda_2 \end{pmatrix}\boldsymbol{P}^{-1}$

$$\boldsymbol{A}^n = \boldsymbol{P}\begin{pmatrix} \lambda_1^n & 0 \\ 0 & \lambda_2^n \end{pmatrix}\boldsymbol{P}^{-1} = \begin{pmatrix} 1 & 1 \\ 0 & -1 \end{pmatrix}\begin{pmatrix} \lambda_1^n & 0 \\ 0 & \lambda_2^n \end{pmatrix}\begin{pmatrix} 1 & 1 \\ 0 & -1 \end{pmatrix}$$

$$= \begin{pmatrix} \lambda_1^n & \lambda_1^n-\lambda_2^n \\ 0 & \lambda_2^n \end{pmatrix} = \begin{pmatrix} 3^n & 3^n-2^n \\ 0 & 2^n \end{pmatrix}$$

Hamilton – Cayley 定理

于是
$$\begin{pmatrix} a_n \\ 2^n \end{pmatrix} = \begin{pmatrix} 3 & 1 \\ 0 & 2 \end{pmatrix}^{n-1} \begin{pmatrix} 1 \\ 2 \end{pmatrix} = \begin{pmatrix} 3^{n-1} & 3^{n-1}-2^{n-1} \\ 0 & 2^{n-1} \end{pmatrix} \begin{pmatrix} 1 \\ 2 \end{pmatrix}$$
$$= \begin{pmatrix} 3^n - 2^n \\ 2^n \end{pmatrix}$$

因此 $a_n = 3^n - 2^n$.

(3) 同例 1,构造函数 $f(n) = \dfrac{1}{3^1 - 2^1} + \dfrac{1}{3^2 - 2^2} + \cdots + \dfrac{1}{3^n - 2^n} + \dfrac{a}{3^n}$ 使 $f(n)$ 关于 n 单调递减,令

$$f(n+1) - f(n) = \frac{1}{3^{n+1} - 2^{n+1}} + \frac{a}{3^{n+1}} - \frac{a}{3^n}$$
$$= \frac{1}{3^{n+1} - 2^{n+1}} - \frac{2a}{3^{n+1}} \leqslant 0$$

从而有 $a \geqslant \dfrac{3^{n+1}}{2(3^{n+1} - 2^{n+1})} = \dfrac{1}{2} \cdot \dfrac{1}{1 - \left(\dfrac{2}{3}\right)^{n+1}}$,易

知 $\left[\dfrac{1}{2} \cdot \dfrac{1}{1 - \left(\dfrac{2}{3}\right)^{n+1}} \right]_{\max} = \dfrac{9}{10}$. 因此,只要 $a \geqslant \dfrac{9}{10}$ 时,$f(n)$ 是关于 n 单调递减的.

特别地,取 $a = \dfrac{9}{10}$,则 $f(n) \leqslant f(1) = \dfrac{13}{10}$,即 $\dfrac{1}{3^1 - 2^1} + \dfrac{1}{3^2 - 2^2} + \cdots + \dfrac{1}{3^n - 2^n} \leqslant \dfrac{13}{10} - \dfrac{\frac{9}{10}}{3^n} < \dfrac{13}{10}$.

1.6 4个美国大学生和博士生遇到的问题

例1 若 $A = \begin{pmatrix} \dfrac{3}{2} & \dfrac{1}{2} \\ -\dfrac{1}{2} & \dfrac{1}{2} \end{pmatrix}$,求 A^{100} 和 A^{-7}. (1987年,美国加州大学伯克利分校博士学位水平测试题)

解 由 $f(\lambda) = |\lambda I - A| = \lambda^2 - 2\lambda + 1 = (\lambda - 1)^2$.

又由欧几里得(Euclid)除法,设 $t^{100} = g(t)(t-1)^2 + at + b$,两边求导得
$$100t^{99} = g'(t)(t-1)^2 + 2g(t)(t-1) + a$$
用 $t = 1$ 代入上两方程,可求得 $a = 100, b = -99$.

注意到由哈密尔顿 – 凯莱定理,有 $f(A) = 0$,则 $A^{100} = 100A - 99I$,从而
$$A^{100} = \begin{pmatrix} 51 & 50 \\ -50 & -49 \end{pmatrix}$$

类似地,$A^7 = 7A - 6I = \begin{pmatrix} \dfrac{9}{2} & \dfrac{7}{2} \\ -\dfrac{7}{2} & -\dfrac{5}{2} \end{pmatrix}$,故 $A^{-7} = \begin{pmatrix} -\dfrac{5}{2} & -\dfrac{7}{2} \\ \dfrac{7}{2} & \dfrac{9}{2} \end{pmatrix}$.

注 当然问题亦可先求出 A 的特征值和特征向

Hamilton – Cayley 定理

量,然后将 A 化为对角阵,比如 $A = P\begin{pmatrix} \lambda_1 & \\ & \lambda_2 \end{pmatrix}P^{-1}$,再去计算 A^{100} 和 A^{-7}.

下面的例子在某种程度上可看成求解方程组问题,又可视为矩阵方幂计算的反问题.

例 2 设 $M \in \mathbf{R}^{3 \times 3}$,且 $M^3 = I, M \neq I$. (1) 求 M 的实特征值;(2) 给出一个这样的矩阵. (1977 年,美国加州大学伯克利分校博士学位水平测试题)

解 (1) 由哈密尔顿 – 凯莱定理知 M 的最小化零多项式为
$$x^3 - 1 = (x-1)(x^2 + x + 1)$$
而 $x^2 + x + 1 = 0$ 无实根,从而 M 仅有实特征根 1.

(2) 由前文的例知矩阵 $J = \begin{pmatrix} \cos\dfrac{2\pi}{3} & \sin\dfrac{2\pi}{3} \\ -\sin\dfrac{2\pi}{3} & \cos\dfrac{2\pi}{3} \end{pmatrix}$ 的特征多项式为 $x^2 + x + 1$. 从而 $M = \begin{pmatrix} 1 & \\ & J \end{pmatrix}$ 满足 $M^3 = I$,且 $M \neq I$.

例 3 若 $d_n (n \geq 1)$ 是矩阵 $A^n - I$ 元素的最大公因子,这里 $A = \begin{pmatrix} 3 & 2 \\ 4 & 3 \end{pmatrix}, I = \begin{pmatrix} 1 & 0 \\ 0 & 1 \end{pmatrix}$,证明:$\lim\limits_{n \to \infty} d_n = \infty$.
(1994 年,美国 Putnam 考试)

证明 由 $|\lambda I - A| = \begin{vmatrix} \lambda - 3 & -2 \\ -4 & \lambda - 3 \end{vmatrix} = (\lambda - 3)^2 - 8 = \lambda^2 - 6\lambda + 1$,容易算得 A 的特征值分别为 $\lambda_1 = 3 + $

第1章 引 言

$2\sqrt{2}, \lambda_2 = 3 - 2\sqrt{2}.$

这样 A^n 的元素皆可表示为 $\alpha_1 \lambda_1^n + \alpha_2 \lambda_2^n$ 的形式.

由

$$A = \begin{pmatrix} \dfrac{1}{2}(\lambda_1 + \lambda_2) & \dfrac{1}{2\sqrt{2}}(\lambda_1 - \lambda_2) \\ \dfrac{1}{\sqrt{2}}(\lambda_1 - \lambda_2) & \dfrac{1}{2}(\lambda_1 + \lambda_2) \end{pmatrix}$$

$$A^2 = \begin{pmatrix} \dfrac{1}{2}(\lambda_1^2 + \lambda_2^2) & \dfrac{1}{2\sqrt{2}}(\lambda_1^2 - \lambda_2^2) \\ \dfrac{1}{\sqrt{2}}(\lambda_1^2 - \lambda_2^2) & \dfrac{1}{2}(\lambda_1^2 + \lambda_2^2) \end{pmatrix}$$

用数学归纳法可以证明

$$A^n = \begin{pmatrix} \dfrac{1}{2}(\lambda_1^n + \lambda_2^n) & \dfrac{1}{2\sqrt{2}}(\lambda_1^n - \lambda_2^n) \\ \dfrac{1}{\sqrt{2}}(\lambda_1^n - \lambda_2^n) & \dfrac{1}{2}(\lambda_1^n + \lambda_2^n) \end{pmatrix}$$

若 $\mu_1 = 1 + \sqrt{2}, \mu_2 = 1 - \sqrt{2}$，则 $\lambda_1 = \mu_1^2, \lambda_2 = \mu_2^2$.

又 $\dfrac{1}{2\sqrt{2}}(\mu_1^n + \mu_2^n)$ 和 $\dfrac{1}{2}(\mu_1^n + \mu_2^n)$ 均为有理数，则由 d_n 是 $A^n - I$ 的最大公因子，可有

$$\begin{aligned} d_n &= \left(\dfrac{\lambda_1^n + \lambda_2^n}{2} - 1, \dfrac{\lambda_1^n - \lambda_2^n}{2\sqrt{2}} \right) \\ &= \left(\dfrac{\mu_1^{2n} + \mu_2^{2n}}{2} - 1, \dfrac{\mu_1^{2n} - \mu_2^{2n}}{2\sqrt{2}} \right) \\ &= \left(\dfrac{(\mu_1^n \pm \mu_2^n)^2}{2}, \dfrac{(\mu_1^n - \mu_2^n)(\mu_1^n + \mu_2^n)}{2\sqrt{2}} \right) \end{aligned}$$

Hamilton – Cayley 定理

$$= \frac{\mu_1^n \pm \mu_2^n}{\sqrt{2}} \left(\frac{\mu_1^n \pm \mu_2^n}{\sqrt{2}}, \frac{\mu_1^n \mp \mu_2^n}{2} \right)$$

这里 (x,y) 表示 x,y 的最大公因子,且注意到 $\mu_1\mu_2 = -1$,则

$$\frac{\mu_1^{2n} + \mu_2^{2n}}{2} - 1 = \frac{\mu_1^{2n} + \mu_2^{2n} - 2}{2}$$

$$= \frac{\mu_1^{2n} + \mu_2^{2n} \pm 2\mu_1^n \mu_2^n}{2}$$

$$= \frac{1}{2}(\mu_1^n \pm \mu_2^n)^2$$

又 $|\mu_1| > 1, |\mu_2| < 1$,故 $\lim\limits_{n \to \infty}(\mu_1^n - \mu_2^n) = \infty$. 从而 $\lim\limits_{n \to \infty} d_n = \infty$.

注 结论又可推广到下面的情形.

命题 1 若 $A \in \mathbf{R}^{2 \times 2}$,其元素皆为整数,且 $\det A = 1$,又 $\operatorname{tr} A = \pm 1$. 若 d_n 是 $A^n - I$ 的元素的最大公因子,则 $\lim\limits_{n \to \infty} d_n = \infty$.

例 4 线性变换 φ(或方阵 A)的特征多项式 $f(\lambda)$ 是 φ(或 A)的零化多项式.

证明 设 $\alpha_1, \alpha_2, \cdots, \alpha_n$ 是 V 的基,则可设

$$(\varphi\alpha_1, \cdots, \varphi\alpha_n) = (\alpha_1, \cdots, \alpha_n)A \ (A \text{ 为 } \varphi \text{ 的方阵表示})$$

即 $\varphi\alpha_j$ 的坐标是 A 的第 j 列,即 A^T 的第 j 行,从而

$$\begin{pmatrix} \varphi & & \\ & \ddots & \\ & & \varphi \end{pmatrix} \begin{pmatrix} \alpha_1 \\ \vdots \\ \alpha_n \end{pmatrix} = \begin{pmatrix} \varphi\alpha_1 \\ \vdots \\ \varphi\alpha_n \end{pmatrix} = A^T \begin{pmatrix} \alpha_1 \\ \vdots \\ \alpha_n \end{pmatrix}$$

也可记为

$$\begin{pmatrix} \lambda & & \\ & \ddots & \\ & & \lambda \end{pmatrix} \begin{pmatrix} \boldsymbol{\alpha}_1 \\ \vdots \\ \boldsymbol{\alpha}_n \end{pmatrix} = \boldsymbol{A}^{\mathrm{T}} \begin{pmatrix} \boldsymbol{\alpha}_1 \\ \vdots \\ \boldsymbol{\alpha}_n \end{pmatrix} \quad (\lambda \text{ 是不定元})$$

即

$$(\lambda \boldsymbol{I} - \boldsymbol{A}^{\mathrm{T}}) \begin{pmatrix} \boldsymbol{\alpha}_1 \\ \vdots \\ \boldsymbol{\alpha}_n \end{pmatrix} = \boldsymbol{0}$$

在左边乘以 $(\lambda \boldsymbol{I} - \boldsymbol{A}^{\mathrm{T}})^*$（即方阵 $\lambda \boldsymbol{I} - \boldsymbol{A}^{\mathrm{T}}$ 的古典伴随方阵），则

$$\det(\lambda \boldsymbol{I} - \boldsymbol{A}^{\mathrm{T}}) \begin{pmatrix} \boldsymbol{\alpha}_1 \\ \vdots \\ \boldsymbol{\alpha}_n \end{pmatrix} = f(\lambda) \begin{pmatrix} \boldsymbol{\alpha}_1 \\ \vdots \\ \boldsymbol{\alpha}_n \end{pmatrix} = \boldsymbol{0}$$

也就是说，$f(\lambda)\boldsymbol{\alpha}_i = f(\varphi)\boldsymbol{\alpha}_i = \boldsymbol{0}\,(i=1,2,\cdots,n)$. 因为 $\boldsymbol{\alpha}_1,\cdots,\boldsymbol{\alpha}_n$ 是基，故对任意 $\boldsymbol{\alpha} \in V, f(\varphi)\boldsymbol{\alpha} = \boldsymbol{0}$，即得所证.

我们知道，可逆方阵 $\boldsymbol{A}$ 的行列式 $\det \boldsymbol{A} \neq 0$，因此方阵 $\boldsymbol{A}$ 的特征多项式 $\varphi(\lambda) = \lambda^n + a_1 \lambda^{n-1} + \cdots + a_{n-1}\lambda + a_n$ 的常数项 $a_n = (-1)^n \det \boldsymbol{A} \neq 0$，反之亦然. 由哈密尔顿 – 凯莱定理

$$\varphi(\boldsymbol{A}) = \boldsymbol{A}^n + a_1 \boldsymbol{A}^{n-1} + \cdots + a_{n-1}\boldsymbol{A} + a_n \boldsymbol{I}_{(n)} = \boldsymbol{0}$$

所以

$$\boldsymbol{A}\left[-\frac{1}{a_n}(\boldsymbol{A}^{n-1} + a_1 \boldsymbol{A}^{n-2} + \cdots + a_{n-1}\boldsymbol{I}_{(n)}) \right] = \boldsymbol{I}_{(n)}$$

因此

Hamilton – Cayley 定理

$$A^{-1} = -\frac{1}{a_n}(A^{n-1} + a_1 A^{n-2} + \cdots + a_{n-1} I_{(n)})$$

例5 设

$$A = \begin{pmatrix} 2 & -2 & 4 \\ 2 & 3 & 2 \\ -1 & 1 & -1 \end{pmatrix}$$

求 A^{-1}.

解 方阵 A 的特征多项式为

$$\varphi(\lambda) = \det(\lambda I_{(n)} - A)$$
$$= \lambda^3 - 4\lambda^2 + 7\lambda - 10$$

因此

$$A^{-1} = \frac{1}{10}(A^2 - 4A + 7 I_{(3)})$$

$$= \frac{1}{10} \begin{pmatrix} -5 & 2 & -16 \\ 0 & 2 & 4 \\ 5 & 0 & 10 \end{pmatrix}$$

例6 若 $A = (a_{jk})_{n \times n}$，其中 $a_{jk} = \cos(j\theta + k\theta)$，$\theta = \frac{2\pi}{n}(n \geq 0)$. 计算行列式 $|I + A|$. (1999 年，美国 Putnam 考试)

解 令 $v = (e^{i\theta}, e^{2i\theta}, \cdots, e^{ni\theta})$，且 $\bar{v}$ 表示 v 的共轭，由 $\cos\alpha = \frac{1}{2}(e^{i\alpha} + e^{-i\alpha})$，则 $A = \frac{1}{2}(v^{\mathrm{T}} v + \bar{v}^{\mathrm{T}} \bar{v})$，且 $r(A) \leq 2$.

又 $vv^{\mathrm{T}} = \sum_{k=1}^{n} e^{2ki\theta} = \frac{e^{2i\theta}(e^{2ni\theta} - 1)}{e^{2i\theta} - 1} = 0$，同时 $\bar{v}\bar{v}^{\mathrm{T}} =$

$\sum_{k=1}^{n} 1 = n$,故

$$A^2 = \frac{1}{4}[n(v^T\bar{v} + \bar{v}^T v)]$$

及 $A^3 = \frac{1}{4}n^2 A$,即 $A^3 - \frac{1}{4}n^2 A = O$.

显然,多项式 $x^3 - \frac{1}{4}n^2 x$ 是矩阵 A 的化零(最小)多项式,则可知 A 有特征值(根) $0, \pm\frac{n}{2}$.

又 $r(A) \leqslant 2$,知其特征值 $\pm\frac{n}{2}$ 是单根,则 $I + A$ 的特征值是

$$\underbrace{1,1,\cdots,1}_{n-2\text{个}}, 1 + \frac{n}{2}, 1 - \frac{n}{2}$$

从而
$$\det(A + I) = 1 - \frac{n^2}{4}$$

例 7 令 F_p 表示模素数 p 的整数域,并令 n 是一个正整数. 令 v 是 F_p^n 中的一个固定的向量,令 M 是其元在 F_p 中的 $n \times n$ 矩阵,并用 $G(x) = v + Mx$,定义 $G: F_p^n \to F_p^n$. 令 $G^{(k)}$ 表示 G 与其自身的 k 重复合,即 $G^{(1)}(x) = G(x)$,并且 $G^{(k+1)}(x) = G(G^{(k)}(x))$. 确定所有的数对 p, n,对于这些数对,存在 v 和 M,使得 p^n 个向量 $G^{(k)}(0)$ ($k = 1, 2, \cdots, p^n$) 各不相同. (第 73 届美国大学生数学竞赛试题)

解 对于 $n = 1$ 和所有的 p,以及对于 $n = 2, p = 2$,这样的 v 和 M 存在.

Hamilton – Cayley 定理

对于 $n=1$,令 $v=(1)$ 和 $M=(1)$. 对于 $p=n=2$,令

$$v = \begin{pmatrix} 1 \\ 0 \end{pmatrix}, M = \begin{pmatrix} 1 & 0 \\ 1 & 1 \end{pmatrix}$$

反之,假设 v 和 M 存在. 首先我们观察到,为了得到不同的值,出现 $\mathbf{0}$ 的最早的可能是 $G^{p^n}(\mathbf{0})$. 这样

$$v + Mv + M^2 v + \cdots + M^{p^n-1} v = \mathbf{0}$$

用 M 相乘,比较两个表达式,得到 $M^{p^n} v = v$. 不过,对所有的 k,有

$$M^{p^n}(v + Mv + M^2 v + \cdots + M^k v)$$
$$= v + Mv + M^2 v + \cdots + M^k v$$

这样,M^{p^n} 是单位矩阵. 由此即得,M 的极小多项式整除 $x^{p^n} - 1 = (x-1)^{p^n}$. 由哈密尔顿 – 凯莱定理,$M$ 的极小多项式整除其特征多项式. 特别,极小多项式至多为 n 次的,因而 $(M - I)^n = \mathbf{0}$.

如果 $n=1$ 和 $p=n=2$ 都不成立,则 $p^{n-1} - 1 \geq n$,因而 $(M-I)^{p^{n-1}-1} = \mathbf{0}$. 然而

$$(x-1)^{p^{n-1}-1} = \frac{(x-1)^{p^{n-1}}}{x-1} = \frac{x^{p^{n-1}} - 1}{x-1}$$
$$= 1 + x + \cdots + x^{p^{n-1}-1}$$

又 $G^{(p^{n-1})}(\mathbf{0}) = \mathbf{0}$,这是一个矛盾.

与美国相反,我国在数学专业的研究生入学考试题中曾明文规定禁用哈密尔顿 – 凯莱定理. 比如下列的 1981 年北京师范大学的一份考题.

例 8 证明:一个非零复数 α 是某一有理系数非零多项式的根的充分必要条件是存在一个有理系数多

项式 $f(x)$,使得
$$\frac{1}{\alpha} = f(\alpha)$$

例 9 (1) 设 V, W 是数域 F 上的有限维向量空间,$f: V \to W$ 是一个线性映射,令 $\operatorname{Ker} f$ 和 $\operatorname{Im} f$ 分别表示 f 的核和象,即
$$\operatorname{Ker} f = \{v \in V | f(v) = 0\},\ \operatorname{Im} f = \{f(v) | v \in V\}$$
证明
$$\dim V = \dim(\operatorname{Ker} f) + \dim(\operatorname{Im} f)$$

(2) 给定数域 F 上的有限维向量空间
$$V_0, V_1, V_2, \cdots, V_n, V_{n+1}$$
其中 $V_0 = V_{n+1} = (0)$ 是零空间,线性映射
$$f_i : v_i \to v_{i+1} \quad (i = 0, 1, \cdots, n)$$
满足条件
$$\operatorname{Ker} f_{i+1} = \operatorname{Im} f_i \quad (i = 0, 1, \cdots, n-1)$$
证明
$$\sum_{i=1}^{n} (-1)^i \dim V_i = 0$$

例 10 设 $M_n(F)$ 是数域 F 上一切 n 阶方阵所成的 n^2 维向量空间,$A \in M_n(F)$ 是一个可以对角化的矩阵. 定义
$$f_A : M_n(F) \to M_n(F)$$
$$X \mapsto AX - XA, X \in M_n(F)$$
证明: f_A 是 $M_n(F)$ 的一个可以对角化的线性变换(即 f_A 是 $M_n(F)$ 的一个线性变换,并且存在 $M_n(F)$ 的一个基使得 f_A 关于这个基的矩阵是对角形式).

Hamilton – Cayley 定理

例 11 令 A 是复数域上一个 n 阶方阵.

（1）证明: A 相似于一个上三角形矩阵

$$\begin{pmatrix} \lambda_1 & & & * \\ & \lambda_2 & & \\ & & \ddots & \\ \mathbf{0} & & & \lambda_n \end{pmatrix}$$

这里主对角线以下的元素都是零.

（2）令 $f(x)$ 是 A 的特征多项式. 证明
$$f(A) = 0$$
（不许用哈密尔顿 – 凯莱定理的结论）

例 12 令 L 是数域 F 上一个 n 维向量空间, f 是定义在 L 上一个对称双线性型①, 子空间 U 叫作迷向的, 如果对一切 $\boldsymbol{u} \in U$, 都有
$$f(\boldsymbol{u}, \boldsymbol{u}) = 0$$
又令 $U^\perp$ 表示 U 的正交子空间, 即
$$U^\perp = \{\boldsymbol{x} \in L \mid f(\boldsymbol{x}, \boldsymbol{u}) = 0 \text{ 对一切 } \boldsymbol{u} \in U\}$$

（1）证明: 子空间 U 是全迷向的必要条件 $U \subseteq U^\perp$.

（2）令 U, V 都是 L 的全迷向子空间, M, N 分别是

---

① 映射 f 叫作定义在向量空间 L 上的一个对称双线性型, 如果对于 L 中任意一对向量 $\boldsymbol{u}, \boldsymbol{v}$, 有数域 F 的一个数 $f(\boldsymbol{u}, \boldsymbol{v})$ 与之对应, 并且满足条件:

1) $f(\boldsymbol{u}, \boldsymbol{v}) = f(\boldsymbol{v}, \boldsymbol{u})$;

2) $f(a\boldsymbol{u} + b\boldsymbol{v}, \boldsymbol{w}) = af(\boldsymbol{u}, \boldsymbol{w}) + bf(\boldsymbol{v}, \boldsymbol{w})$, 这里 $\boldsymbol{u}, \boldsymbol{v}, \boldsymbol{w} \in L, a, b \in F$.

$U \cap V$ 在 U 和 V 中的一个余子空间,即
$$U = (U \cap V) \oplus M, V = (U \cap V) \oplus N$$
证明
$$U \cap V^{\perp} = (U \cap V) \oplus (M \cap N^{\perp})$$

例 13 对于 $m \times n$ 实矩阵 A,e^A 定义为 $\sum_{n=0}^{\infty} \frac{1}{n!} A^n$ (求和对于任意矩阵都收敛). 证明或反驳:对于任意实多项式 p 和 $m \times m$ 实矩阵 A,B,$p(e^{AB})$ 是幂零的当且仅当 $p(e^{BA})$ 是幂零的. (一个矩阵 A 称为幂零的. 若存在正整数 k,使得 $A^k = \mathbf{0}$.)

(第 7 届国际大学生数学竞赛(英国,2000))

解 首先我们证明:对于任意实多项式 q 和 $m \times m$ 实矩阵 A,B,$q(e^{AB})$ 和 $q(e^{BA})$ 的特征多项式是一样的. 容易验证对任意矩阵 X

$$q(e^X) = \sum_{n=0}^{\infty} c_n x^n$$

其中实数 c_n 与 q 有关. 设

$$C = \sum_{n=1}^{\infty} c_n \cdot (BA)^{n-1} B = \sum_{n=1}^{\infty} c_n \cdot B(AB)^{n-1},$$

则

$$q(e^{AB}) = c_0 \mathbf{I} + AC, \quad q(e^{BA}) = c_0 \mathbf{I} + CA$$

众所周知,AC 和 CA 的特征多项式是一样的,记为 $f(x)$,则矩阵 $q(e^{AB})$ 和 $q(e^{BA})$ 的特征多项式都为 $f(x - c_0)$.

现在假设矩阵 $p(e^{AB})$ 是幂零的,即存在正整数 k,使得 $(p(e^{AB}))^k = \mathbf{0}$. 取 $q = p^k$. 矩阵 $q(e^{AB}) = 0$ 的特征

Hamilton – Cayley 定理

多项式为 x^m, 因此, $q(e^{BA})$ 的特征多项式也为 x^m. 利用哈密尔顿 – 凯莱定理, 这表明
$$(q(e^{BA}))^m = (p(e^{BA}))^{km} = 0$$
因此, 矩阵 $p(e^{BA})$ 也是幂零的.

例 14 对于某个 $n \geq 1$, 令 A 是一个 $n \times n$ 阶实数矩阵. 对于每个正整数 k, 令 $A^{[k]}$ 是把 A 的每个元素自称为其 k 次幂后得到的矩阵. 证明: 如果对 $k = 1, 2, \cdots, n+1$ 有 $A^k = A^{[k]}$, 则对于所有 $k \geq 1$ 有 $A^k = A^{[k]}$.

证明 令 V 是 $n \times n$ 阶矩阵 X 的集合, 使得 AX 等于以相同位置元素间相乘的方式得到的矩阵 $A \cdot X$. 因为 $AX = A \cdot X$ 即为 X 的元素的一个线性方程组, 所以集合 V 是一个子空间. 题中假设蕴涵着 $A, A^2, \cdots, A^n \in V$. 令 $f(x)$ 是 A 的特征多项式. 哈密尔顿 – 凯莱定理说 $f(A) = 0$. 用 A 的幂相乘, 使我们递归地把 A^{n+1}, $A^{n+2}, \cdots$ 表示为 $A, A^2, \cdots, A^n$ 的线性组合, 因而对所有 $k \geq 1$ 有 $A^k \in V$. 由归纳法得, 对所有 $k \geq 1$ 有 $A^k = A^{[k]}$.

例 15 设 $A, B \in M_n(\mathbf{C})$ 是两个 $n \times n$ 矩阵, 满足
$$A^2 B + BA^2 = 2ABA$$
证明: 存在正整数 k, 使得 $(AB - BA)^k = 0$.

(第 16 届国际大学生数学竞赛(匈牙利, 2009))

解 1 取定 $A \in M_n(\mathbf{C})$. 对每一个矩阵 $X \in M_n(\mathbf{C})$, 令 $\triangle X := AX - XA$, 我们要证明矩阵 $\triangle B$ 是幂零的.

注意到条件 $A^2 B + BA^2 = 2ABA$ 等价于

$$\triangle^2 B = \triangle(\triangle B) = 0 \qquad (1)$$

△是线性的,它还是一个导子,即它满足莱布尼兹法则

$$\triangle(XY) = (\triangle X)Y + X(\triangle Y), \forall X, Y \in M_n(\mathbf{C})$$

利用归纳法,我们很容易将上述公式推广到 k 个因子

$$\triangle(X_1\cdots X_k) = (\triangle X_1)X_2\cdots X_k + \cdots + X_1\cdots X_{j-1}(\triangle X_j)X_{j+1}\cdots X_k + X_1\cdots X_{k-1}\triangle X_k$$

对任意矩阵 $X_1, X_2, \cdots, X_k \in M_n(\mathbf{C})$. 利用等式(1)和(2)我们得到关于 $\triangle^k(B^k)$ 的方程

$$\triangle^k(B^k) = k!\,(\triangle B)^k, \forall k \in \mathbf{N} \qquad (3)$$

利用这最后一个方程,我们只需证明 $\triangle^n(B^n) = 0$.

为此,我们先观察到(3)结合条件 $\triangle^2 B = 0$ 可推出对于每一个 $k \in \mathbf{N}$,有 $\triangle^{k+1} B^k = 0$. 因此,我们有

$$\triangle^k(B^j) = 0, \forall k, j \in \mathbf{N}, j < k \qquad (4)$$

利用哈密尔顿 – 凯莱定理,存在数 $\alpha_0, \alpha_1, \cdots, \alpha_{n-1} \in \mathbf{C}$,使得

$$B^n = \alpha_0 I + \alpha_1 B + \cdots + \alpha_{n-1} B^{n-1}$$

结合(4),得到 $\triangle^n B^n = 0$.

解2 设 $X = AB - BA$. 矩阵 X 与 A 可交换,因为

$$AX - XA = (A^2 B - ABA) - (ABA - BA^2)$$
$$= A^2 B + BA^2 - 2ABA = 0$$

因此,对于任意的 $m \geq 0$,我们有

$$X^{m+1} = X^m(AB - BA) = AX^m B - X^m BA$$

对等式两边分别取迹

$$\operatorname{tr} X^{m+1} = \operatorname{tr}(A(X^m B)) - \operatorname{tr}((X^m B)A) = 0$$

Hamilton – Cayley 定理

(因为对于任意矩阵 U 和 V, 我们有 $\text{tr}(UV) = \text{tr}(VU)$. 因为 $\text{tr}X^{m+1}$ 为 X 的特征值的 $m+1$ 次幂的和, 值 $\text{tr}\,X, \cdots, \text{tr}\,X^n$ 唯一地确定 X 的特征值. 因此, 所有的这些特征必为 0, 这表明 X 是幂零的.

例 16 令 A 是 2×2 矩阵. 证明: 若对一些复数 u 与 v, 矩阵 $uI_2 + vA$ 是可逆的, 则对一些复数 u' 与 v', 它的逆矩阵具有形式 $u'I_2 + v'A$.

解 利用哈密尔顿 – 凯莱定理, 由
$$I_2 = (uI_2 + vA)(u'I_2 + v'A)$$
$$= uu'I_2 + (uv' + vu')A + vv'A^2$$
得
$$I_2 = (uu' - vv'\det A)I_2 + (uv' + vu' + vv'\text{tr}\,A)A$$
于是 u' 与 v' 满足线性方程组
$$uu' - (v\det A)v' = 1$$
$$vu' + (u + v\text{tr}\,A)v' = 0$$
方程组的行列式是 $u^2 + uv\text{tr}\,A + v^2\det A$, 简单的代数计算证明了, 这等于 $\det(uI_2 + vA)$, 由假设, 它不为零. 因此方程组可以解出, 它的解确定了要求的逆矩阵.

例 17 求具有实元素的 2×2 矩阵, 它满足方程
$$X^2 - 3X^2 = \begin{pmatrix} -2 & -2 \\ -2 & -2 \end{pmatrix}$$

解 把矩阵方程改写为
$$X^2(X - 3I_2) = \begin{pmatrix} -2 & -2 \\ -2 & -2 \end{pmatrix}$$
取行列式, 得 $\det X = 0$ 或 $\det(X - 3I_2) = 0$. 在第 1 种

情形下,哈密尔顿-凯莱定理蕴涵 $X^2 = (\text{tr } X)X$,方程取形式

$$[(\text{tr } X)^2 - 3\text{tr } X]X = \begin{pmatrix} -2 & -2 \\ -2 & -2 \end{pmatrix}$$

取两边的迹,求出 X 的迹满足 3 次方程 $t^3 - 3t^2 + 4 = 0$,它有实根 $t = 2$ 与 $t = -1$. 在 $\text{tr } X = 2$ 的情形下,矩阵方程是

$$-2X = \begin{pmatrix} -2 & -2 \\ -2 & -2 \end{pmatrix}$$

有解

$$X = \begin{pmatrix} 1 & 1 \\ 1 & 1 \end{pmatrix}$$

在 $\text{tr } X = -1$ 时,矩阵方程是

$$4X = \begin{pmatrix} -2 & -2 \\ -2 & -2 \end{pmatrix}$$

有解

$$X = \begin{pmatrix} -\dfrac{1}{2} & -\dfrac{1}{2} \\ -\dfrac{1}{2} & -\dfrac{1}{2} \end{pmatrix}$$

现在研究 $\det(X - 3I_2) = 0$ 的情形. X 的两个特征值之一为 3. 为求另一特征值,把 $4I_2$ 加到题目中的方程,得

$$X^3 - 3X^2 + 4I_2 = (X - 2I_2)(X + I_2) = \begin{pmatrix} -2 & -2 \\ -2 & -2 \end{pmatrix}$$

取行列式,求出 $\det(X - 2I_2) = 0$ 或 $\det(X + I_2) = 0$. 从而 X 的第 2 个特征值是 2 或 -1. 在第 1 种情形下,X

Hamilton – Cayley 定理

的哈密尔顿 – 凯莱方程是

$$X^2 - 5X + 6I_2 = 0$$

它可用来把原方程变换为

$$4X - 12I_2 = \begin{pmatrix} -2 & -2 \\ -2 & -2 \end{pmatrix}$$

有解

$$X = \begin{pmatrix} \dfrac{5}{2} & -\dfrac{1}{2} \\ -\dfrac{1}{2} & \dfrac{5}{2} \end{pmatrix}$$

X 的第 2 个特征值为 -1 的情形可类似地处理. 得出解

$$X = \begin{pmatrix} 1 & -2 \\ -2 & 1 \end{pmatrix}$$

(2004 年罗马尼亚数学竞赛,由 A. Buju 提供)

例 18 令 A, B, C, D 是 2×2 矩阵. 证明:矩阵 $[A, B] \cdot [C, D] + [C, D] \cdot [A, B]$ 是单位矩阵(这里 $[A, B] = AB - BA$,A 与 B 的换位子)的倍数.

解 因 $[A, B]$ 的迹是 0,故这个矩阵的哈密尔顿 – 凯莱定理是 $[A, B]^2 + (\det[A, B])I_2 = 0$,它证明了 $[A, B]^2$ 是单位矩阵的倍数. 同样的论证应用矩阵 $[C, D]$ 与 $[A, B] + [C, D]$,证明了它们的平方也是单位矩阵的倍数.

我们有

$$[A, B] \cdot [C, D] + [C, D] \cdot [A, B]$$
$$= ([A, B] + [C, D])^2 - [A, B]^2 - [C, D]^2$$

因此$[A,B]\cdot[C,D]+[C,D]\cdot[A,B]$也是单位矩阵的倍数,本题证毕.

(1981年罗马尼亚数学奥林匹克,由 C. Năstăsescu 提供)

例19 令A与B是3×3矩阵. 证明
$$\det(AB-BA)=\frac{\operatorname{tr}((AB-BA)^3)}{3}$$

解 哈密尔顿-凯莱定理给出
$$(AB-BA)^3-c_1(AB-BA)^2+c_2(AB-BA)-c_3I_3=O_3$$
其中$c_1=\operatorname{tr}(AB-BA)=0$,$c_3=\det(AB-BA)$,取迹,利用事实:$AB-BA$的迹是0,得$\operatorname{tr}((AB-BA)^3)-3\det(AB-BA)=0$,等式证毕.

(Revista Matematică din Timişoara,由 T. Andreescu 提供)

例20 证明:不存在2×2实矩阵A与B,使它们的换位子不为0,且可与A,B二者交换.

解 令$C=AB-BA$,则有
$$AB^2+BA^2=(AB-BA)B+B(AB-BA)$$
$$=CB+BC=2BC$$
令$P_B(\lambda)=\lambda^2+r\lambda+s$是$B$的特征多项式. 由哈密尔顿-凯莱定理,$P_B(B)=0$. 我们有
$$O_2=AP_B(B)-P_B(B)A$$
$$=AB^2-B^2A+r(AB-BA)$$
$$=2BC+rC$$
利用这点与事实:C与A,B可交换,得

49

$$O_2 = A(2BC + rC) - (2BC + rC)A$$
$$= 2(AB - BA)C$$
$$= 2C^2$$

因此 $C^2 = O_2$. 在某个基中

$$C = \begin{pmatrix} 0 & \alpha \\ 0 & 0 \end{pmatrix}$$

因此 C 只与 C 中的多项式可交换. 但是若 A 与 B 是 C 中的多项式, 则 $C = O_2$, 矛盾. 从而 C 一定是数量矩阵, 它的平方等于 0, 由此又有 $C = O_2$. 这证明了这样的 A 与 B 不存在.

(American Mathematical Monthly, 由 W. Gustafson 解答)

基 础 篇

第 2 章

2.1 从线性方程和行列式谈起

2.1.1 线性方程组

我们现在来讨论线性代数的一个特别重要的内容,这里的整套理论有其历史上的起源.

定义 1 (1)所谓一个具有 m 个方程及 n 个未知量的线性方程组(简记为(m,n)-线性方程组)是指形如

$$\sum_{j=1}^{n} a_{ij}x_j = b_i \quad (1 \leqslant i \leqslant m)$$

的一个格式,这里 a_{ij} 和 b_i 是域 K 中的元素. 如果我们用 (a_{ij}) 表示 (m,n)-矩阵 $\boldsymbol{A}$,用 x_j 表示向量 $\boldsymbol{x} \in K^n$ 和用 b_i 表示向量 $\boldsymbol{b} \in K^m$,把它写成

$$\boldsymbol{Ax} = \boldsymbol{b}$$

或

Hamilton – Cayley 定理

$$\begin{pmatrix} a_{11} & \cdots & a_{1n} \\ \vdots & & \vdots \\ a_{m1} & \cdots & a_{mn} \end{pmatrix} \begin{pmatrix} x_1 \\ \vdots \\ x_n \end{pmatrix} = \begin{pmatrix} b_1 \\ \vdots \\ b_m \end{pmatrix}$$

（2）所谓 $Ax = b$ 的一个解是指一个元素 $a \in K^n$，使得 $Aa = b$.

注 在定义 1 中，$x = (x_1, \cdots, x_n)$ 是作为记号出现的，正如我们即将要看到的那样，这并不总是意味着方程组应该给出一个解. 尽管这样，我们还是常常用 x 表示一个解.

因为能把一个 (m, n) - 矩阵 A 解释成线性映射 $A: K^n \to K^m$，于是给出了一个线性方程组就相当于给出了一个线性映射 $A: K^n \to K^m$ 及一个向量 $b \in K^m$. 解 x 不是别的，而是一个元素 $x \in K^n$，使得它在 A 下被映至元素 b.

线性方程组的基本定理是：

定理 1 设 $Ax = b$ 是一个 (m, n) - 线性方程组.

（1）存在性. 方程组有解的充要条件是 $b \in \operatorname{Im} A$. 因此这等价于 $\operatorname{rg} A = \operatorname{rg}(A, b^T)$. 这里记 (A, b^T) 为一个 $(m, n+1)$ - 矩阵，它是用 $(m, 1)$ - 矩阵 b^T 将 (m, n) - 矩阵 A 向右扩张出一列而形成的.

（2）唯一性. 设 $x \in K^n$ 是一个解. 它是唯一解的充要条件是 $\operatorname{Ker} A = 0$ 或 $\operatorname{rg} A = n$.

证明 （1）$x \in K^n$ 是解 $\Leftrightarrow Ax = b \Leftrightarrow b \in \operatorname{Im} A$（视 A 为 $L(K^n; K^m)$ 中的元素）.

可将 (A, b^T) 视为 $L(K^{n+1}; K^m)$ 中的元素. 于是

$$\mathrm{rg}(A, b^\mathrm{T}) = \dim \mathrm{Im}(A, b^\mathrm{T}) = \dim \mathrm{Im}\, A = \mathrm{rg}\, A$$
$$\Leftrightarrow b \in \mathrm{Im}\, A$$

（2）设 $y \in \mathrm{Ker}\, A$. 如果 x 是解，则 $x+y$ 也是解，这是因为 $A(x+y) = Ax + Ay = Ax + 0 = b$. 反过来，如果 x 和 x' 是解，则 $x - x' \in \mathrm{Ker}\, A$，这是因为 $A(x-x') = Ax - Ax' = b - b = 0$. 于是解的唯一性等价于 $\mathrm{Ker}\, A = 0$.

由 $\dim \mathrm{Ker}\, A = 0 \Leftrightarrow \dim \mathrm{Im}\, A = \mathrm{rg}\, A = n$.

补充 $\mathrm{rg}\, A = m$ 的充要条件是对每一个 $b \in K^m$，$Ax = b$ 有解.

证明 $\mathrm{rg}\, A = m \Leftrightarrow \mathrm{Im}\, A = K^m$. 于是结论可从定理 1 中的（1）得出.

当方程组中方程的个数与未知量的个数相同时，定理 1 和定理 1 的补充有如下的陈述：

定理 2 设 A 是一个 (n,n) - 矩阵. $\mathrm{rg}\, A = n$ 的充要条件是对每一个 $b \in K^n$，(n,n) - 线性方程组 $Ax = b$ 有唯一确定的解.

证明 按照定理 1，唯一性等价于 $\mathrm{rg}\, A = n$，又由定理 1 的补充这等价于对每一个 $b \in K^n$ 有解.

注 对一个 (n,n) - 线性方程组 $Ax = b$，$\mathrm{rg}\, A = n$ 等价于 $A: K^n \to K^n$ 是一个同构. 这是因为 $\mathrm{rg}\, A = n$ 或者 $\mathrm{Im}\, A = K^n$ 意味着 $\dim \mathrm{Ker}\, A = 0$. 显然对 $b \in K^n$，元素 $A^{-1}b$ 是 $Ax = b$ 的唯一确定的解.

定义 2 （1）称形如 $Ax = 0$ 的线性方程组为齐次线性方程组.

（2）设 $Ax=b$ 是任意的一个线性方程组. 于是称 $Ax=0$ 为相应的齐次线性方程组.

引理 1　齐次线性方程组 $Ax=0$ 总有一个解, 即 $x=0$. 方程组有唯一解的充要条件是 $\operatorname{Ker} A=0$.

证明　$Ax=0 \Leftrightarrow x \in \operatorname{Ker} A.$

定理 3　设 $Ax=b$ 是一个 (m,n)-线性方程组. 当 x_0 是解时, 则每个 $x=x_0+y$ 也是解, 其中 y 是齐次线性方程组 $Ax=0$ 的解. 而且 $Ax=b$ 的每个解 x 都能表示成这种形式.

注　当 $Ax=b$ 的解写成形式 $x=x_0+y$ 时, 其中 x_0 是特选的固定解, 则亦称 x_0 为特解, $x=x_0+y$ 为通解.

证明　由 $Ax_0=b$ 及 $y \in \operatorname{Ker} A$ 可得出 $A(x_0+y)=Ax_0+0=b$.

由 $Ax_0=Ax=b$ 得出 $A(x-x_0)=Ax-Ax_0=0$, 于是 $x=x_0+(x-x_0)$, 且 $A(x-x_0)=0$.

2.1.2　高斯(Gauss)消去法

在本节中我们要描述一种计算方法, 用它能寻找线性方程组的解.

定义 3　称两个 (m,n)-线性方程组
$$Ax=b \text{ 和 } A'x=b'$$
是等价的, 如果存在一个 $S \in GL(m,K)$, 使得 $A'=SA$, $b'=Sb$.

命题 1　(1)在定义 3 中定义的关系是在定义 7 的意义下的一种等价关系.

(2)两个等价方程组的解集是相同的.

证明 (1)线性方程组与其自身是等价的. 由 $A' = SA, b' = Sb$ 可得出 $A = S^{-1}A', b = S^{-1}b'$. 由 $A' = SA, A'' = S'A', b' = Sb, b'' = S'b'$ 可得出 $A'' = S'SA, b'' = S'Sb$.

(2) $Ax = b \Leftrightarrow SAx = Sb$.

命题 2 对 $i \neq j$ 及 $a \in K$, 定义 (m,m) - 矩阵 $B_{ij}(a)$ 为 $E + aE_{ij}$, 则有 $B_{ij}(a) \in GL(m,K)$.

设 $Ax = b$ 是一个 (m,n) - 线性方程组. 我们把 A 的第 j 行的 a 倍加到 A 的第 i 行, 把 b 的第 j 行的 a 倍加到 b 的第 i 行, 就得到了等价的方程组 $A'x = b'$, 这里 $A' = B_{ij}(a)A, b' = B_{ij}(a)b$. 这里所做的都在定义 1 的格式之中.

证明 由矩阵乘法立即得出 $B_{ij}(a)B_{ij}(-a) = E$ 为单位矩阵. 对 $A' = B_{ij}(a)A$ 所做描述的论证是简单的.

引理 2 (m,n) - 线性方程组 $Ax = b$ 可以等价于一个以行阶梯形式出现的线性方程组 $A^*x = b^*$, 即 A^* 中的元素 a_{ij}^* 具有下列性质:存在 r 个整数 $1 \leq j_1 < j_2 < \cdots < j_r \leq r, r = \text{rg } A$, 使得对 $j < j_1$ 或者 $i > r$, 有 $a_{ij}^* = 0$, 而且 $a_{1j_1}^* \cdots a_{rj_r}^* \neq 0$.

A^* 是用形如命题 2 中的 $B_{ij}(a)$ 的矩阵左乘 A 多次而得到的.

注 矩阵在行阶梯形式中的格式具有下列形状

Hamilton – Cayley 定理

$$\begin{pmatrix} 0 & \cdots & a_{1j_1}^* & \cdots & \cdots & \cdots & \cdots & \cdots & \cdots \\ 0 & \cdots & 0 & \cdots & 0 & a_{2j_2}^* & \cdots & \cdots & \cdots \\ 0 & \cdots & 0 & \cdots & 0 & 0 & \cdots & a_{rj_r}^* & \cdots \\ 0 & \cdots & 0 & \cdots & 0 & 0 & \cdots & 0 & 0 \end{pmatrix}$$

这里位于"阶梯"左边的元素全为零.

证明 对于零矩阵,结论显然是成立的. 于是我们能假设存在着首次出现的一列(a_{ij_1},$1 \leqslant i \leqslant m$),它不全是零,让它与一个形如 $\boldsymbol{B}_{1j}(1)$ 的适当的矩阵相乘后可得出一个与之等价的矩阵 $\boldsymbol{A}'$,且 $a'_{1j_1} \neq 0$. 再通过与矩阵 $\boldsymbol{B}_{i1}\left(\dfrac{-a'_{ij_1}}{a'_{1j_1}}\right)$($2 \leqslant i \leqslant m$)相乘,我们得到了一个矩阵 $\boldsymbol{A}''$,使得对 $i > 1$,有 $a''_{ij_1} = 0$. 再把 $\boldsymbol{A}''$ 改写为 $\boldsymbol{A}$,存在 $j > j_1$,使得在列 $\boldsymbol{A}_j$ 中有元 $a_{ij} \neq 0$,这里 $i > 1$. 设 j 是具有此性质的最小整数. 如上面所述的那样,在乘以适当的 $\boldsymbol{B}_{2j}(1)$ 后所得到的矩阵 $\boldsymbol{A}'$ 中,有 $a'_{2j_2} \neq 0$. 再乘以矩阵 $\boldsymbol{B}_{i2}\left(\dfrac{-a'_{ij_2}}{a'_{2j_2}}\right)$($3 \leqslant i \leqslant m$),我们就得到了一个矩阵 $\boldsymbol{A}''$,使得对 $i > 2$,有 $a''_{ij_2} = 0$.

我们可按此进行,最终达到所希望的行阶梯形矩阵 $\boldsymbol{A}^*$. 因为 $\boldsymbol{A}^*$ 的行秩等于 r,及 rg $\boldsymbol{A}^*$ = rg $\boldsymbol{A}$,所以得到 r = rg $\boldsymbol{A}$.

现在我们来描述一种入门的计算方法,称为高斯消去法.

定理4 设 $\boldsymbol{Ax} = \boldsymbol{b}$ 是一个 (m, n) – 线性方程组,其中 rg $\boldsymbol{A}$ = r. 设 $\boldsymbol{A}^* \boldsymbol{x} = \boldsymbol{b}^*$ 是与其等价的行阶梯形的

(m,n)-线性方程组.

$Ax = b$ 有解的充要条件是向量 b^* 对 $i > r$ 的分量 b_i^* 为零. 当此条件满足时, 我们可如下地找到解的全体: 对 $j \notin \{j_1, \cdots, j_r\}$, 可任选 x_j, 且从 $A^*x = b^*$ 的第 r 行

$$a_{rj_r}^* x_{j_r} + 其他项 = b_r^*$$

中确定出元素 x_{j_r}. 于是由第 $r-1$ 行

$$a_{r-1,j_{r-1}}^* x_{j_{r-1}} + 其他项 = b_{r-1}^*$$

中确定出元素 $x_{j_{r-1}}$, 依此类推.

证明 $b^* \in \operatorname{Im} A^*$ 等价于 $b_i^* = 0$, 对 $i > r$. 如果这个条件满足, 则给出了所描述的求解方法. 它是 $A^*x = b^*$, 因而也是 $Ax = b$ 的所有解. 这是因为解中的元素 $x_{j_r}, \cdots, x_{j_1}$ 可以用 $x_j, j \notin \{j_1, \cdots, j_r\}$ 及 $b_i^*, 1 \leq i \leq r$ 描述出来.

2.1.3 对称群

我们现在来进一步研究对称群 S_n 的结构. 我们用一个点来标记 S_n 中的连接关系

$$(\sigma, \sigma') \in S_n \longmapsto \sigma \cdot \sigma' \in S_n$$

我们从一个关于一般的(也不一定是交换的)环 R 的命题来开始进行讨论.

引理 3 设 R 是一个环, R^* 是 R 中可逆元的乘法群. 在 R 上定义关系 "x 共轭于 x'" (记为 $x \sim x'$) 如下: 存在 $a \in R^*$, 使得 $x' = axa^{-1}$. 于是这给出了一个等价关系.

对群 G, 也可同样地定义 $x \sim x'$: 存在 $a \in G$, 使得

$x' = axa^{-1}$.

证明 取 $a = 1$,则有 $x \sim x$. 由 $x' = axa^{-1}$ 可得出 $x = a^{-1}x'(a^{-1})^{-1}$. 由 $x' = axa^{-1}, x'' = a'x'a'^{-1}$ 可推出 $x'' = (a'a)x(a'a)^{-1}$.

例1 设 R 是环 $M_k(n,n)$,则 $R^* = GL(n,K)$.

定义4 称元素 $\sigma \in S_n$ 为 $\{1,\cdots,n\}$ 中关于元素 i 和 j 对换,如果对 $i \neq j$,有 $\sigma(i) = j$ 及 $\sigma(j) = i$,而且对所有其他的 $k \in \{1,\cdots,n\}$,有 $\sigma(k) = k$. 我们记 S_n 中的这个元素为 (i,j).

注 对 $S_1 = \mathrm{id}$,不存在对换. $S_2 = \{\mathrm{id},(1,2)\}$.

命题3 $(1) S_n$ 的阶(即 S_n 中元素的个数)为 $n!$;

(2)对 $n \geq 3$,S_n 不是交换的;

(3)$(i,j) \cdot (i,j) = \mathrm{id} = S_n$ 中的中性元;

(4)每一个对换 (i,j) 均共轭于对换 $(1,2)$.

证明 (1)S_1 中元素的个数 $\#S_1 = 1$. 假设我们已经证明了 $\#S_{n-1} = (n-1)!$. 对 $\{1,\cdots,n\}$ 中的 n 个元素中的每一个元素 i,集合 $A_i = \{\sigma \in S_n | \sigma(i) = i\}$ 构成了一个同构于 S_{n-1} 的子群. 对每一个 $\sigma \in S_n$,可用下面的方法将它一一对应于 i 及一个 $\sigma_i \in A_i$:

当 $\sigma(n) \neq n$ 时,则取 $i = \sigma(n), \sigma_i = (\sigma(n),n) \cdot \sigma \in A_{\sigma(n)}$;

当 $\sigma(n) = n$ 时,则取 $i = n, \sigma_i = \sigma \in A_n$,于是有 $\#S_n = n \cdot (n-1)! = n!$.

(2)注意对 $n \geq 3$,S_n 包含一个与 S_3 同构的子群.

(3)这是显然的.

(4) 设 $\tau = (i,j)$. 存在 $\sigma \in S_n$, 使得 $\sigma(1) = i$, $\sigma(2) = j$. 于是 $\sigma \cdot \tau \cdot \sigma^{-1} = (1,2)$. 这是因为 $\sigma \cdot \tau \cdot \sigma^{-1}(2) = \tau \cdot \sigma^{-1}(j) = \sigma^{-1}(i) = 1$. 同样可得 $\sigma \cdot \tau \cdot \sigma^{-1}(1) = 2$. 对 $k \notin 1,2, \sigma(k) \notin \{i,j\}$, 于是 $\sigma \cdot \tau \cdot \sigma^{-1}(k) = k$.

引理 4 每个置换 $\sigma \in S_n (n \geq 2)$ 可表示为个数小于或等于 n 的对换的乘积. 对 $\sigma \neq \mathrm{id}$, 只需小于或等于 $n-1$ 次对换.

证明 对 $\sigma = \mathrm{id}$, 有 $\sigma = (1,2) \cdot (1,2)$. 设 $\sigma \neq \mathrm{id}$, 于是存在一个最小的 i_1, 使得 $\sigma(i_1) = j_1 \neq i_1$. 令 $\sigma \cdot (i_1, j_1) = \sigma_1$. 对 $i \leq i_1$, 有 $\sigma_1(i) = i$. 当 $\sigma_1 = \mathrm{id}$ 时, 我们已证得. 否则就存在一个最小的 i_2, 使得 $\sigma_1(i_2) = j_2 \neq i_2$. 令 $\sigma_1 \cdot (i_2, j_2) = \sigma_2$. 对 $i \leq i_2$, 有 $\sigma_2(i) = i$. 于是一直这样做下去, 总能得到一个 $\sigma_k, k \leq n-1$, 使得对 $i < n$, 有 $\sigma_k(i) = i$. 于是 $\sigma_k = \mathrm{id}$. 于是 $\sigma = (i_k, j_k) \cdot \cdots \cdot (i_1, j_1)$.

定义 5 设 $\sigma \in S_n, n \geq 2$. 称偶 $(i,j), 1 \leq i < j \leq n$, 是 σ 的逆置, 如果 $\sigma(i) > \sigma(j)$. 定义 σ 的符号为

$$\varepsilon(\sigma) = \prod_{i<j} \frac{\sigma(j) - \sigma(i)}{j - i} \in \{+1, -1\}$$

根据 $\varepsilon(\sigma) = +1$ 或 -1, 我们称 σ 为偶置换或奇置换. 对 $n = 1$, 令 $\varepsilon(\sigma) = 1$.

注 根据分母中有 $j - i$ 时, 分子中出现 $-(j-i)$ 还是 $+(j-i)$, 可确定 $\varepsilon(\sigma) = +1$ 或 -1.

对 (l,k), 虽然有 $\sigma(l) = j, \sigma(k) = i$, 但还要看 $(l,$

k)是否是逆置的. 特别地, $\varepsilon(\sigma) = (-1)^l$, 这里 l 为 σ 的逆置的总数.

命题 4 设 $n \geqslant 2$.

(1) 映射
$$\varepsilon : \sigma \in S_n \mapsto \varepsilon(\sigma) \in \{+1, -1\}$$
是到乘法群 $\{+1, -1\} \subset Z$ 上的一个群同态.

(2) 当 σ 被表示为 k 个对换的乘积时, $\varepsilon(\sigma) = (-1)^k$.

注 在引理 4 中我们指出, 每个 $\sigma \in S_n$ 可被表示为对换的乘积. 在这样一个表示中, 元素的个数 k 不是唯一确定的. 例如, 我们可以在已有的乘积上再增加两个对换 $(1,2) \cdot (1,2)$. 但是这个数目在模 2 下是唯一的.

命题 4 的证明 对于 (1)
$$\varepsilon(\sigma' \cdot \sigma) = \prod_{i<j} \frac{\sigma(\sigma'(j)) - \sigma(\sigma'(i))}{j - i}$$
$$= \prod_{i<j} \frac{\sigma(\sigma'(j)) - \sigma(\sigma'(i))}{\sigma'(j) - \sigma'(i)} \cdot$$
$$\prod_{i<j} \frac{\sigma'(j) - \sigma'(i)}{j - i}$$

第二个乘积等于 $\varepsilon(\sigma')$. 为了看出第一个乘积是否等于 $\varepsilon(\sigma)$, 我们注意
$$\frac{\sigma(\sigma'(j)) - \sigma(\sigma'(i))}{\sigma'(j) - \sigma'(i)} = \frac{\sigma(\sigma'(i)) - \sigma(\sigma'(j))}{\sigma'(i) - \sigma'(j)}$$

于是我们能把第一个乘积中的 "$\prod_{i<j}$" 换写成 "$\prod_{\sigma'(i)<\sigma'(j)}$".

(2) 由 (1), 我们只需证明: 对一个对换 $\tau = (k, l)$,

这里 $k < l$, 有 $\varepsilon(\tau) = -1$. (k,l) 是 τ 的逆置. 对 $k < i < l$, (k,i) 和 (i,l) 同时为逆置. 于是 τ 的逆置的数目是奇数.

定义 6 设 $n \geqslant 2$. 我们称偶置换子群 $\{\sigma \in S_n, \varepsilon(\sigma) = 1\}$ 为交错群 A_n.

命题 5 A_n 是 S_n 的不变子群, 有 $\dfrac{S_n}{A_n} \cong \{1, -1\}$. 可将每个 $\sigma \in \dfrac{S_n}{A_n}$ 写成 $\sigma = \tau \cdot \sigma'$, 这里 τ 为对换, $\sigma' \in A_n$, A_n 的阶数为 $\dfrac{n!}{2}$.

证明 由定义知 $A_n = \mathrm{Ker}\,\varepsilon$. 注意, 对换属于 $\dfrac{S_n}{A_n}$.

2.1.4 行列式

现在我们来讨论经典线性代数中的一个重要的概念. K 表示一个(交换)域或者更一般的是一个带有单位元 1 的交换环.

定义 7 我们把具有下列性质的映射
$$\det: M_K(n,n) \to K$$
称为行列式映射.

(1) $\det$ 对每一行是线性的;

(2) 如两行相同, 则 $\det A = 0$;

(3) $\det E_n = 1$.

称值 $\det A \in K$ 为 A 的行列式.

注 (1) 目前还不清楚行列式映射是否存在, 稍后我们将指出: 正好有一个这样的映射存在.

Hamilton – Cayley 定理

(2)我们把 $A \in M_K(n,n)$ 的第 i 行记为 A^i，于是 A 就可写成

$$\begin{pmatrix} A^1 \\ \vdots \\ A^i \\ \vdots \\ A^n \end{pmatrix}$$

由此，定义 7 的条件(1)到条件(3)可写为

$$\det \begin{pmatrix} A^1 \\ \vdots \\ aA^i + a'A'^i \\ \vdots \\ A^n \end{pmatrix} = a \det \begin{pmatrix} A^1 \\ \vdots \\ A^i \\ \vdots \\ A^n \end{pmatrix} + a' \det \begin{pmatrix} A^1 \\ \vdots \\ A'^i \\ \vdots \\ A^n \end{pmatrix}$$

$$\det \begin{pmatrix} A^1 \\ \vdots \\ A^i \\ \vdots \\ A^j = A^i \\ \vdots \\ A^n \end{pmatrix} = 0, \quad \det \begin{pmatrix} e_1 \\ \vdots \\ e_i \\ \vdots \\ e_n \end{pmatrix} = 1$$

命题 6 定义 7 中的映射 det 具有下列更进一步的性质

$$\det\begin{pmatrix}\boldsymbol{A}^1\\\vdots\\\boldsymbol{A}^i+a\boldsymbol{A}^j\\\vdots\\\boldsymbol{A}^j\\\vdots\\\boldsymbol{A}^n\end{pmatrix}=\det\begin{pmatrix}\boldsymbol{A}^1\\\vdots\\\boldsymbol{A}^i\\\vdots\\\boldsymbol{A}^j\\\vdots\\\boldsymbol{A}^n\end{pmatrix}\quad(\text{对 }i\neq j)\qquad(1)$$

$$\det\begin{pmatrix}\boldsymbol{A}^1\\\vdots\\\boldsymbol{A}^i\\\vdots\\\boldsymbol{A}^j\\\vdots\\\boldsymbol{A}^n\end{pmatrix}=-\det\begin{pmatrix}\boldsymbol{A}^1\\\vdots\\\boldsymbol{A}^j\\\vdots\\\boldsymbol{A}^i\\\vdots\\\boldsymbol{A}^n\end{pmatrix}\quad(\text{对 }i\neq j)\qquad(2)$$

证明 对式(1)

$$\det\begin{pmatrix}\boldsymbol{A}^1\\\vdots\\\boldsymbol{A}^i+a\boldsymbol{A}^j\\\vdots\\\boldsymbol{A}^j\\\vdots\\\boldsymbol{A}^n\end{pmatrix}\stackrel{\text{条件(1)}}{=}\det\begin{pmatrix}\boldsymbol{A}^1\\\vdots\\\boldsymbol{A}^i\\\vdots\\\boldsymbol{A}^j\\\vdots\\\boldsymbol{A}^n\end{pmatrix}+a\det\begin{pmatrix}\boldsymbol{A}^1\\\vdots\\\boldsymbol{A}^j\\\vdots\\\boldsymbol{A}^j\\\vdots\\\boldsymbol{A}^n\end{pmatrix}$$

Hamilton – Cayley 定理

$$\stackrel{\text{条件}(2)}{=\!=\!=} \det\begin{pmatrix} \boldsymbol{A}^1 \\ \vdots \\ \boldsymbol{A}^i \\ \vdots \\ \boldsymbol{A}^j \\ \vdots \\ \boldsymbol{A}^n \end{pmatrix} + 0$$

对式(2)

$$0 \stackrel{\text{条件}(2)}{=\!=\!=} \det\begin{pmatrix} \boldsymbol{A}^1 \\ \vdots \\ \boldsymbol{A}^i + \boldsymbol{A}^j \\ \vdots \\ \boldsymbol{A}^j + \boldsymbol{A}^i \\ \vdots \\ \boldsymbol{A}^n \end{pmatrix}$$

$$\stackrel{\text{条件}(1)}{=\!=\!=} \det\begin{pmatrix} \boldsymbol{A}^1 \\ \vdots \\ \boldsymbol{A}^i \\ \vdots \\ \boldsymbol{A}^j + \boldsymbol{A}^i \\ \vdots \\ \boldsymbol{A}^n \end{pmatrix} + \det\begin{pmatrix} \boldsymbol{A}^1 \\ \vdots \\ \boldsymbol{A}^j \\ \vdots \\ \boldsymbol{A}^j + \boldsymbol{A}^i \\ \vdots \\ \boldsymbol{A}^n \end{pmatrix}$$

第 2 章　基础篇

$$\stackrel{式(1)}{=} \det\begin{pmatrix} A^1 \\ \vdots \\ A^i \\ \vdots \\ A^j \\ \vdots \\ A^n \end{pmatrix} + \det\begin{pmatrix} A^1 \\ \vdots \\ A^j \\ \vdots \\ A^i \\ \vdots \\ A^n \end{pmatrix}$$

定理 5　行列式映射可用定义 7 中的条件唯一地确定出来. 如果矩阵 A 是用其元素 a_{ij} 给出的, 则有

$$\det A = \sum_{\sigma \in S_n} \varepsilon(\sigma) a_{1\sigma(1)} \cdot \cdots \cdot a_{n\sigma(n)}$$

此公式也称为莱布尼茨 (Leibniz) 公式.

证明　将 A 的第 i 行 A^i 写成形如 $A^i = \sum_{k_i} a_{ik_i} e_{k_i}$ 的形式. 我们有

$$\det A = \sum_{k_1} a_{1k_1} \cdot \det\begin{pmatrix} e_{k_1} \\ \vdots \\ A^n \end{pmatrix}$$

$$= \sum_{k_1, \cdots, k_n} a_{1k_1} \cdot \cdots \cdot a_{nk_n} \cdot \det\begin{pmatrix} e_{k_1} \\ \vdots \\ e_{k_n} \end{pmatrix}$$

出现在最后的和式中的许多行列式是多余的, 只需保留 $(k_1, \cdots, k_n)$ 是 $(1, \cdots, n)$ 的一个置换的那种行列式. 于是我们仅需去证明

65

Hamilton – Cayley 定理

$$\det\begin{pmatrix} e_{\sigma(1)} \\ \vdots \\ e_{\sigma(n)} \end{pmatrix} = \varepsilon(\sigma)$$

对 $\sigma = \mathrm{id}$，这个式子是正确的. 当 σ 是一个对换时，上式两边均为 -1，见命题 4 及命题 6 中的 (2). 在一般情形下，σ 是 k 个对换的乘积，而且有 $\varepsilon(\sigma) = (-1)^k$，见命题 4. 每个对换将行列式的符号改变一次. 于是位于左边的行列式的值是 $(-1)^k$ 乘以 $\sigma = \mathrm{id}$ 时的行列式的值 1.

例 2 (1) $n = 2$. S_2 是由 id 及 $(1,2)$ 所构成的，$\varepsilon(1,2) = -1$. 于是

$$\det\begin{pmatrix} a_{11} & a_{12} \\ a_{21} & a_{22} \end{pmatrix} = a_{11}a_{22} - a_{12}a_{21}$$

(2) $n = 3$. 我们写 $S_3 = A_3 \cup \tau A_3$，这里 $\tau = (1,2)$. 这里 A_3 由三个元素

$$\begin{pmatrix} 1 & 2 & 3 \\ 1 & 2 & 3 \end{pmatrix}, \begin{pmatrix} 1 & 2 & 3 \\ 2 & 3 & 1 \end{pmatrix}, \begin{pmatrix} 1 & 2 & 3 \\ 3 & 1 & 2 \end{pmatrix}$$

构成. 于是

$$\det A = \sum_{\sigma \in A_3} a_{1\sigma(1)} a_{2\sigma(2)} a_{3\sigma(3)} -$$

$$\sum_{\sigma \in A_3} a_{1\tau \cdot \sigma(1)} a_{2\tau \cdot \sigma(2)} a_{3\tau \cdot \sigma(3)}$$

$\det A$ 的计算也可用 Sarrus 规则来描述

第 2 章 基础篇

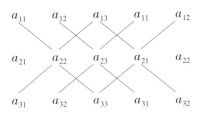

人们可做出在 3 个"\"对角线中的元素的乘积之和,再减去在 3 个"/"对角线中的元素的乘积.

定理 6 (行列式乘法定理)设 A 和 B 是 $M_K(n,n)$ 中的元素,K 是一个具有单位元 1 的交换环. 于是下式成立

$$\det(AB) = \det A \cdot \det B$$

当我们将 det 限制在可逆矩阵的乘法群 $GL(n,K)$ 上时,则 $\det: GL(n,K) \to K^*$ 是一个从 $GL(n,K)$ 到 K 的乘法可逆元素群 K^* 上的满射.

证明 我们如定理 5 的证明那样去做. AB 的第 i 行可写成

$$\sum_{l_i, k_i} a_{i l_i} b_{l_i k_i} e_{k_i}$$

利用 $f_{l_i} = \sum_{k_i} b_{l_i k_i} e_{k_i}$,我们有

$$\det(AB) = \sum_{l_1, \cdots, l_n} a_{1 l_1} \cdot \cdots \cdot a_{n l_n} \cdot \det \begin{pmatrix} f_{l_1} \\ \vdots \\ f_{l_n} \end{pmatrix}$$

$$= \sum_{\sigma \in S_n} a_{1\sigma(1)} \cdot \cdots \cdot a_{n\sigma(n)} \cdot \varepsilon(\sigma) \cdot \det \begin{pmatrix} f_{l_1} \\ \vdots \\ f_{l_n} \end{pmatrix}$$

Hamilton–Cayley 定理

$$= \det \boldsymbol{A} \cdot \det \boldsymbol{B}$$

系 当 $\boldsymbol{A}$ 是可逆阵时,有 $\det \boldsymbol{A}^{-1} = (\det \boldsymbol{A})^{-1}$. 同样立即可得出下面的定理.

定理 7 设 $\boldsymbol{A} \in M_K(n,n)$. $\det \boldsymbol{A} \neq 0$ 等价于 $\boldsymbol{A}$ 为可逆的,它又等价于 $\operatorname{rg} \boldsymbol{A} = n$.

证明 在定理 5 的证明中已指出 $\det \boldsymbol{A} \neq 0$ 等价于 $\operatorname{rg} \boldsymbol{A} = n$. 由定理 2 的注解,这等价于 $\boldsymbol{A}$ 是可逆的.

定义 8 称态射 $\det: GL(n,K) \to K^*$ 的核为特殊线性群 $SL(n,K)$.

例 3 (1) 我们对 $\sigma \in S_n$ 定义了置换矩阵 $\boldsymbol{A}_\sigma$. 我们断言: $\det \boldsymbol{A}_\sigma = \varepsilon(\sigma)$,特别地,当 $\sigma \in \boldsymbol{A}_n$ 时,$\boldsymbol{A}_\sigma \in SL(n,K)$.

因为 $\sigma \in S_n \mapsto \boldsymbol{A}_\sigma \in GL(n,K)$ 和 $\det: GL(n,K) \to K^*$ 是态射,所以由命题 3 及引理 4,只需证明:对置换 $\tau = (1,2)$,有 $\det \boldsymbol{A}_\tau = -1$. 现在注意:$\boldsymbol{A}_\tau$ 相应于单位矩阵的前面两行的对换.

(2) 对于对角矩阵或一般的三角矩阵,其行列式为对角元的乘积 $a_{11} \cdot \cdots \cdot a_{nn}$. 当此行列式等于 1 时,则该矩阵属于 $SL(n,K)$.

引理 5

$$\det \boldsymbol{A}^{\mathrm{T}} = \det \boldsymbol{A}$$

证明 因为 $a_{ij} = a_{ji}$($\boldsymbol{A}^{\mathrm{T}}$ 的第 j 行第 i 列),所以

$$\det \boldsymbol{A}^{\mathrm{T}} = \sum_{\sigma \in S_n} \varepsilon(\sigma) a_{\sigma(1)1} \cdot \cdots \cdot a_{\sigma(n)n}$$

$$= \sum_{\sigma^{-1} \in S_n} \varepsilon(\sigma^{-1}) a_{1\sigma^{-1}(1)} \cdot \cdots \cdot a_{n\sigma^{-1}(n)}$$

这是因为 $\varepsilon(\sigma^{-1}) = \varepsilon(\sigma)$，且因为关于 $\sigma^{-1} \in S_n$ 的求和与对 $\sigma \in S_n$ 的求和导致同样的结果，于是右边 = $\det \boldsymbol{A}$.

2.1.5 行列式展开定理

我们用一个至少在理论上是有用的公式来充实关于行列式的章节，它表明：一个 (n,n) - 矩阵的行列式可以通过子行列式的计算而得出.

定义 9 设 $\boldsymbol{A} = (a_{ij}) \in M_K(n,n), n > 1$. 对每一个偶 $(k,l), 1 \leq k, l \leq n$，用格式

$$\begin{pmatrix} a_{11} & \cdots & 0 & \cdots & a_{1n} \\ \vdots & & \vdots & & \vdots \\ 0 & \cdots & 1 & \cdots & 0 \\ \vdots & & \vdots & & \vdots \\ a_{n1} & \cdots & 0 & \cdots & a_{nn} \end{pmatrix} k \text{ 行}$$

来定义一个 (n,n) - 矩阵 $\boldsymbol{A}_{kl}$，即 $\boldsymbol{A}_{kl}$ 是将 $\boldsymbol{A}$ 中的第 k 行 $\boldsymbol{A}^k$ 换成典范基的元 $\boldsymbol{e}_l = (0,\cdots,1,\cdots,0)$（第 l 个位置为 1，其他为 0），将 $\boldsymbol{A}$ 中的第 l 列换成 $\boldsymbol{e}_k$ 的转置 $\boldsymbol{e}_k^{\mathrm{T}}$ 所得到的矩阵.

命题 7

$$\sum_{l=1}^{n} a_{il} \det \boldsymbol{A}_{kl} = \delta_{ik} \det \boldsymbol{A}$$

证明 设 $\boldsymbol{A}' = \boldsymbol{A}'_{kl}$ 是将 $\boldsymbol{A}$ 的行 $\boldsymbol{A}^k$ 用 $\boldsymbol{e}_l$ 替代后所得的矩阵. $\boldsymbol{A}_{kl}$ 能从 $\boldsymbol{A}'$ 通过命题 6 的类型为式 (1) 的行运算而得出：对 $i \neq k$，用 $-a_{il}$ 乘 $\boldsymbol{A}'$ 的行 $\boldsymbol{A}'^k$，再将它加到第 i 行 $\boldsymbol{A}'^i$ 上去.

Hamilton–Cayley 定理

于是 $\det \boldsymbol{A}'_{kl} = \det \boldsymbol{A}_{kl}$. 将 $\boldsymbol{A}$ 的第 i 行 $\boldsymbol{A}^i$ 写为 $\sum_l a_{il} \boldsymbol{e}_l$. 于是

$$\sum_l a_{il} \det \boldsymbol{A}_{kl}$$

$$= \sum_l a_{il} \det \boldsymbol{A}'_{kl}$$

$= \det($ 将 $\boldsymbol{A}$ 中的 $\boldsymbol{A}^k$ 用 $\boldsymbol{A}^i$ 来替换后所得的矩阵$)$

定义 10 设 $\boldsymbol{A} = (a_{ij}) \in M_K(m, n), n > 1$.

(1) 对任意的 $i, j, 1 \leqslant i, j \leqslant n$, 我们用 $S_{ij}(\boldsymbol{A})$ 来记在 $\boldsymbol{A}$ 中删除第 i 行第 j 列后所得到的 $(n-1, n-1)$ - 矩阵. 称 $S_{ij}(\boldsymbol{A})$ 为关于 (i, j) 的删除矩阵.

(2) 定义关于 $a_{il} \in \boldsymbol{A}$ 的代数余子式 α_{li} 为 $(-1)^{i+l} \det S_{il}(\boldsymbol{A})$.

命题 8

$$\det \boldsymbol{A}_{il} = \alpha_{li} = (-1)^{i+l} \det S_{il}(\boldsymbol{A})$$

证明 通过 $l-1$ 次相邻列的交换, 我们能从 $\boldsymbol{A}_{il}$ 得到矩阵 $\boldsymbol{B}_{il}$, 对 $j < l$, $\boldsymbol{B}_{il}$ 的 $j+1$ 列是 $\boldsymbol{A}_{il}$ 的第 j 列, 且其首列为 $\boldsymbol{A}_{il}$ 的第 l 列

$$\det \boldsymbol{A}_{il} = (-1)^{l-1} \det \boldsymbol{B}_{il}$$

用类似的 $i-1$ 次相邻行的交换过程, 我们能从 $\boldsymbol{B}_{il}$ 得到矩阵 $\boldsymbol{C}_{il}$, 且有 $\det \boldsymbol{B}_{il} = (-1)^{i-1} \det \boldsymbol{C}_{il}$, 这里 $\boldsymbol{C}_{il}$ 具有形状

$$\begin{pmatrix} 1 & 0 & 0 \\ \hline 0 & & \\ 0 & S_{il}(\boldsymbol{A}) & \end{pmatrix}$$

70

显然有 $\det \boldsymbol{C}_{il} = \det S_{il}(\boldsymbol{A})$.

现在我们能证明 Laplace 展开定理.

定理 8 设 $\boldsymbol{A} = (a_{ij}) \in M_K(n,n), n > 1$. 于是借助于在定义 10 中所定义的代数余子式,我们有

$$\det \boldsymbol{A} = \begin{cases} \sum_{l=1}^{n} a_{il}\alpha_{li} \\ \sum_{k=1}^{n} a_{kj}\alpha_{jk} \end{cases}$$

注 右边两行分别称为"按第 i 行展开"和"按第 j 列展开".

证明 上一行的等式可直接得自命题 7 和命题 8,因为 $\det \boldsymbol{A}^T = \det \boldsymbol{A}$,作为应用,我们可由上一行得到下一行的结论.

定理 9 设 $\boldsymbol{A} \in GL(n,k)$. 逆矩阵 $\boldsymbol{A}^{-1}$ 在 (j,k) 位置上的元素可用 $\dfrac{\alpha_{jk}}{\det \boldsymbol{A}}$ 给出.

证明 利用命题 7 和命题 8,我们有

$$\sum_j a_{ij}\frac{\alpha_{jk}}{\det \boldsymbol{A}} = \sum_j a_{ij}\frac{\det A_{kj}}{\det \boldsymbol{A}} = \delta_{ik}$$

我们用 Cramer 法则来结束本节. 它提供了一个详尽的公式,用来唯一确定系数行列式不为 0 的 (n,n) - 线性方程组的解.

定理 10 设在 (n,n) - 线性方程组 $\boldsymbol{Ax} = \boldsymbol{b}$ 中,$\det \boldsymbol{A} \neq 0$. 于是解的分量 $x_j, 1 \leq j \leq n$,可由

$$x_j = \frac{\det \boldsymbol{B}_j}{\det \boldsymbol{A}}$$

Hamilton – Cayley 定理

给出. 这里 B_j 是将 A 中的第 j 列用 b^T 替代后所得的 (n,n) – 矩阵.

证明 将 B_j 按第 j 列展开后得到

$$\det B_j = \sum_{l=1}^{n} b_l \alpha_{jl}$$

于是由定理 9,得出了 $A^{-1}b$ 的形如上述的 x.

例 4 有

$$\begin{pmatrix} \bar{3} & \bar{4} & \bar{0} \\ \bar{1} & \bar{1} & \bar{2} \\ \bar{3} & \bar{4} & \bar{1} \end{pmatrix} \begin{pmatrix} x_1 \\ x_2 \\ x_3 \end{pmatrix} = \begin{pmatrix} \bar{1} \\ \bar{1} \\ \bar{0} \end{pmatrix}$$

其系数在 $K = Z_5$ 中.

解 根据题意,有

$$\det \begin{pmatrix} \bar{3} & \bar{4} & \bar{0} \\ \bar{1} & \bar{1} & \bar{2} \\ \bar{3} & \bar{4} & \bar{1} \end{pmatrix} = \bar{3} + \bar{4} - \bar{4} - \bar{4} = -\bar{1} = \bar{4}$$

$$\frac{1}{\det A} = \bar{4}$$

$$x_1 = \bar{4} \det \begin{pmatrix} \bar{1} & \bar{4} & \bar{0} \\ \bar{1} & \bar{1} & \bar{2} \\ \bar{0} & \bar{4} & \bar{1} \end{pmatrix} = \bar{4}(\bar{1} - \bar{3} - \bar{4}) = \bar{1}$$

$$x_2 = \bar{4} \det \begin{pmatrix} \bar{3} & \bar{1} & \bar{0} \\ \bar{1} & \bar{1} & \bar{2} \\ \bar{3} & \bar{0} & \bar{1} \end{pmatrix} = \bar{4}(\bar{3} + \bar{1} - \bar{1}) = \bar{2}$$

$$x_3 = \bar{4}\det\begin{pmatrix}\bar{3}&\bar{4}&\bar{1}\\\bar{1}&\bar{1}&\bar{1}\\\bar{3}&\bar{4}&\bar{0}\end{pmatrix} = \bar{4}(\bar{2}+\bar{4}-\bar{3}-\bar{2}) = \bar{4}$$

2.2 特 征 值

2.2.1 特征值

现在我们来研究线性映射的一个更进一步的不变量. 不过, 在这里我们必须要求域满足某些性质, 本书的后续部分将越来越多地限制所取的域为实数域 R 和复数域 C. 对数域 C, 所谈及的不变量总是存在的.

现在我们不再只考虑有限维向量空间.

定义 1 设 V 是域 K 上的一个向量空间.

(1) 设 $f:V\to V$ 是线性的, 称 $\lambda \in K$ 为 f 的特征值, 如果映射
$$(f-\lambda\,\mathrm{id}):V\to V$$
具有一个非零的核.

(2) 设 λ 是 f 的特征值, 则称 $\mathrm{Ker}(f-\lambda\,\mathrm{id})$ 为相应于 λ 的特征空间, 称元素 $\pmb{x}\in\mathrm{Ker}(f-\lambda\,\mathrm{id})$ 为相应于特征值 λ 的特征向量.

(3) 设 A 是 K 上的一个 (n,n)-矩阵. 我们可把 A 看成是一个线性映射 $A:K^n\to K^n$, 于是也可定义 A 的特征值、A 的特征空间和特征向量等概念.

注 我们说 λ 是 $f:V\to V$ 的特征值, 这就意味着 V

Hamilton – Cayley 定理

中存在一个 $x \neq 0$, 使得 $f(x) = \lambda x$. 当 $f = A \in M_K(n,n)$ 时, (n,n) – 线性方程组 $(A - \lambda E_n)x = 0$ 必有一个解 $x \neq 0$.

例 1 如果 $\mathrm{Ker}\, f \neq \{0\}$, 则 $0 \in K$ 是 f 的特征值. 如果 $\mathrm{rg}\, A < n$, 即如果 A 是不可逆的, 则 0 是 $A \in M_K(n,n)$ 的特征值.

我们考虑在 R 和 C 上的 $(2,2)$ – 矩阵

$$A = \begin{pmatrix} \cos\alpha & -\sin\alpha \\ \sin\alpha & \cos\alpha \end{pmatrix}$$

假设 λ 是 A 的特征值. 这就是说, 存在 $x = (x_1, x_2) \neq (0,0)$, 使得

$$\cos\alpha\, x_1 - \sin\alpha\, x_2 - \lambda x_1 = 0$$
$$\sin\alpha\, x_1 + \cos\alpha\, x_2 - \lambda x_2 = 0$$

于是矩阵 $(A - \lambda E_2)$ 的行列式必为 0, 即

$$\det\begin{pmatrix} \cos\alpha - \lambda & -\sin\alpha \\ \sin\alpha & \cos\alpha - \lambda \end{pmatrix} = \lambda^2 - 2\lambda\cos\alpha + 1 = 0, 即$$

即 $\lambda = \cos\alpha \pm \sqrt{-\sin^2\alpha}$. $\lambda \in R$ 的充要条件是 $\sin\alpha = 0$, 于是有 $\alpha = 0$ 或 π, 因此 $\lambda = +1$ 或 -1.

在所有其他的情形中, 矩阵在 R 中没有特征值, 特征值仅在 C 中, 即 $\cos\alpha \pm i\sin\alpha$.

定义 2 设 $A = (a_{ij}) \in M_K(n,n)$. 所谓 A 的特征多项式是指用

$$\chi_A(t) = \det(tE_n - A)$$

所给出的多项式.

注 (1) 我们在这里第一次涉及计算这样的一个

(n,n)-矩阵的行列式,这个矩阵的元素不是属于一个域,而是属于一个环,即系数取自 K 中的多项式环 $K[t]$.

(2) 设 $p(t) = \sum_{i \in \mathbf{N}} a_i t^i$ 是一个系数在域 K 中的多项式. 如果 $a_n \neq 0$, 且对 $i > n$, 有 $a_i = 0$, 则称 $p(t)$ 的阶为 n, 记为 $\operatorname{grad} p(t)$. 对零多项式, 即对所有 $i, a_i = 0$, 则定义它的阶为 $-\infty$.

(3) 设 $p(t) \in K[t]$ 的阶为 $n \geq 1$. 称 $\lambda \in K$ 是 $p(t)$ 的零点(或根), 如果 $p(\lambda) = 0$. 注意, 如果 λ 是 $p(t)$ 的零点, 则 $p(t)$ 可写成 $(t-\lambda)q(t)$, 这里 $\operatorname{grad} q(t) = \operatorname{grad} p(t) - 1$. 这是因为 $p(t) = p(t) - p(\lambda) = \sum_{i \geq 1} a_i(t^i - \lambda^i)$. 而 $t^i - \lambda^i$ 形如 $(t-\lambda)(t^{i-1} + t^{i-2}\lambda + \cdots + \lambda^i)$.

命题 1 设 $A = (a_{ij}) \in M_K(n,n)$. 于是 $\chi_A(t)$ 的阶为 n. 精确地说, 如果我们将 $\chi_A(t)$ 写成形如 $\sum_{i=0}^{\infty} \alpha_i t^i$, 于是对 $i > n$, 有 $\alpha_i = 0$, $\alpha_n = 1$, $\alpha_{n-1} = -\sum_i a_{ii}$, $\cdots$, $\alpha_0 = (-1)^n \det A$. 也称 $-\alpha_{n-1}$ 为 A 的迹, 记为 $\operatorname{tr} A$.

证明 考察在行列式公式定义 2 的注解中关于 $\sigma = \operatorname{id}$ 的求和项

$$(t-a_{11})\cdots(t-a_{nn}) = t^n - \sum_i a_{ii} t^{n-1} \cdots$$

在所有剩下的其他求和项中遇到形如 $t-a_{ii}$ 的因子的次数只能小于或等于 $n-2$ 次. 于是上述的乘积给出了关于 t^n 和 t^{n-1} 的系数.

如将 $t = 0$ 代入, 就得到了 $\chi_A(t)$ 中的常系数.

例2 有

$$A = \begin{pmatrix} 1 & 0 & 2 \\ 0 & 0 & 1 \\ 0 & -1 & 0 \end{pmatrix}$$

$$\chi_A(t) = \det\begin{pmatrix} t-1 & 0 & -2 \\ 0 & t & -1 \\ 0 & 1 & t \end{pmatrix} = t^3 - t^2 + t - 1$$

引理 1 设 A 和 A' 在环 $M_K(n,n)$（见 2.1.3 中的引理 3）中是互相共轭的元素，则成立

$$\chi_A(t) = \chi_{A'}(t)$$

证明 A 与 A' 共轭表明 $A' = TAT^{-1}$，这里 $T \in GL(n,K)$，见 2.1.3 中的引理 3. 于是 $tE_n - A' = T(tE_n - A)T^{-1}$ 成立. 因此，由 2.1.4 中的定理 6 知

$$\chi_{A'}(t) = \det(tE_n - A')$$
$$= \det T \cdot \det(tE_n - A) \cdot \det T^{-1}$$
$$= \chi_A(t)$$

命题 2 设 $f: V \to V$ 是线性的. 特征多项式 $\chi_f(t)$ 定义为 $\chi_A(t)$. 这里 $A = \Phi_B \circ f \circ \Phi_B^{-1}$ 是 f 的一个矩阵表示. f 的行列式 $\det f$ 及 f 的迹分别定义为 $\det A$ 和 $\mathrm{tr}\, A$. 这些定义与矩阵表示的选取无关.

证明 注意，$\det A$ 及 $\mathrm{tr}\, A$ 作为 $\chi_A(t)$ 的系数而出现，见命题 1. 于是由引理 1 就得出了结论.

现在我们来讨论在上面所导入的概念之间的一个基本的关系.

定理 1 A 或 f 的特征多项式的根一一对应于 A

或 f 的特征值.

证明 我们限于对 (n,n) - 矩阵 A 进行讨论. 于是成立

λ 是特征值 $\Leftrightarrow \mathrm{rg}(A - \lambda E_n) < n \Leftrightarrow \chi_A(\lambda) = 0$

例3 (1) 由例 2, 矩阵 A 的特征值是 $(t-1)(t^2+1)=0$ 的根. 于是 $\lambda = 1$ 是特征值, 且对 $K = R$, 这是唯一的特征值. 对 $K = C$, $\pm i$ 也是特征值.

(2) 在例 1 中对 $K = C$, 已存在了特征值 $\cos\alpha \pm i\sin\alpha$. 当情形 $\alpha = 0$ 或 $\alpha = \pi$ 时, 必须把它们计算两次, 对于重数的定义, 可参见定义 3 的补充.

(3) 设 $A = (a_{ij})$ 是一个三角矩阵. 于是 $\chi_A(t) = (t-a_{11}) \cdot \cdots \cdot (t-a_{nn})$, 即特征值位于对角线上.

2.2.2 标准形、初等理论

现在我们来研究, 在 (n,n) - 矩阵的共轭类中 (见 2.1.3 中的引理 3) 是否存在一个特别简单的表示. 将它与相似矩阵的分类问题做比较. 对此我们需要假设特征多项式可分解成线性因子. 一般地, 这意味着关于基域 K 的一个条件. 在 $K = C$ 的情形下, 这个条件总是满足的. 这里所考察的向量空间是有限维的.

定理 2 (1) 矩阵 $A \in M_K(n,n)$ 共轭于对角矩阵的充要条件是在 K^n 中存在着一组由 A 的特征向量所构成的基

$$B = \{b_1, \cdots, b_n\}$$

我们在这里把 A 理解为线性映射.

(2) 线性映射 $f : V \to V$ 具有一个由一个对角矩阵

Hamilton – Cayley 定理

组成的坐标表示 $\Phi_B \circ f \circ \Phi_B^{-1}$ 的充要条件为所属的基由特征向量所构成.

证明 显然只需证明(2). 当元素 $b_j(1 \leq j \leq n)$ 是 B 的特征向量时,则 $f(b_j) = \lambda_j b_j$,于是,矩阵 $\Phi_B \circ f \circ \Phi_B^{-1}$ 是用 $(\langle f(b_j), b_i^* \rangle) = (\delta_{ij} \lambda_j)$ 给出的. 反过来,如果 $\Phi_B \circ f \circ \Phi_B^{-1}$ 有此形式,则有 $f(b_j) = \lambda_j b_j$.

例 4 矩阵 $A = \begin{pmatrix} 1 & 1 \\ 0 & 1 \end{pmatrix}$ 不共轭于对角矩阵,其特征多项式为 $(t-1)^2$,于是 $\lambda = 1$ 是其唯一的特征值. 特征向量是由方程 $Ax = x$ 所确定的,于是 $x_1 + x_2 = x_1$,$x_2 = x_2$. 于是 $x = (1,0)$ 的倍数是唯一的特征向量.

如我们所见,A 的特征多项式确实是二阶的,但并不具有两个不相同的根,见定理 4.

引理 2 设 $f:V \to V$ 是线性的. 设 $b_1, \cdots, b_r$ 是 f 的非零特征向量,它们有互不相同的特征值 $\lambda_1, \cdots, \lambda_r$. 则 $b_1, \cdots, b_r$ 是线性无关的.

证明 我们对 r 施行归纳法. 对 $r = 1$,结论是显然的,假设 $r-1$ 时结论已经证得. 于是在引理的假设下,$b_1, \cdots, b_{r-1}$ 是线性无关的.

考察形如 $\sum_{i=1}^{r} \alpha_i b_i = \mathbf{0}$ 的关系式. 于是在该式两边作用了 $f - \lambda_r \mathrm{id}$ 后就得到了 $\sum_{i=1}^{r-1} \alpha_i (\lambda_i - \lambda_r) b_i = \mathbf{0}$. 因为 $\lambda_i - \lambda_r \neq 0$,于是得出:对 $i < r$,有 $\alpha_i = 0$,于是亦有 $\alpha_r = 0$.

我们从定理 1 得知,特征多项式的根对应于特征值. 于是我们插入一段对多项式的一般的考察.

对于域 K 上的多项式环 $K[t]$ 的结构,其根本的重要性是所谓"欧几里得算法"的有效性.下面我们来讨论整数环 Z 中的"带余除法"的下列类似结果.

定理 3 设 $p(t)$ 和 $q(t)$ 是系数在 K 中的两个多项式,且
$$\operatorname{grad} p(t) = n \geq 0 \text{ 及 } \operatorname{grad} q(t) = m \geq 0$$
于是存在着唯一确定的多项式 $m(t)$ 及 $r(t)$,使得
$$p(t) = m(t)q(t) + r(t) \text{ 且 } \operatorname{grad} r(t) < m \quad (1)$$
当 $n < m$ 时,则有 $m(t) = 0, r(t) = p(t)$. 当 $n \geq m$ 时,则 $\operatorname{grad} m(t) = n - m, \operatorname{grad} r(t) < m$,也包括 $r(t) = 0$,即 $\operatorname{grad} r(t) = -\infty$ 的情形.

证明 设
$$p(t) = \sum_{i=0}^{n} a_i t^i, a_n \neq 0; q(t) = \sum_{j=0}^{m} b_j t^j, b_m \neq 0$$
我们假设 $n - m \geq 0$. 令
$$m(t) = \sum_{k=0}^{n-m} c_k t^k, c_{n-m} \neq 0; r(t) = \sum_{l=0}^{m-1} d_l t^l$$
我们指出,条件(1)唯一地确定了系数 c_k 和 d_l.

为此,我们对上述所写出的多项式 $m(t), q(t), r(t)$ 实施(1)的右边的乘法和加法,再把 t 的不同幂次所包含的系数与左边 $p(t)$ 相应的幂次的系数相比较. 我们发现对每个满足 $m \leq n - j \leq n$ 的 j,有
$$a_{n-j} = \sum_{i=m-j}^{m} c_{n-i-j} b_i$$
对 $j = 0$,有 $a_n = c_{n-m} b_m$. 由此可确定出 c_{n-m}. 如果已按

Hamilton – Cayley 定理

此方式确定了 c_{n-i-j}，这里 $n-i-j > n-m-j$，则上述关于值 j 的方程给出了系数 c_{n-m-j}.

在以此方式确定了所有的 $c_k(0 \leq k \leq n-m)$ 以后，$d_{n-j}(0 \leq n-j < m)$ 就可由方程

$$a_{n-j} = \sum_{i=0}^{n-j} c_{n-i-j} b_i + d_{n-j}$$

来确定.

系 设 $p(t) \in K[t]$ 是一个阶为 $n \geq 1$ 的多项式. $\lambda \in K$ 是 $p(t)$ 的零点（即 $p(\lambda) = 0$）的充要条件是存在一个阶为 $n-1$ 的多项式 $m(t)$，使得

$$p(t) = m(t)(t-\lambda)$$

证明 当 $p(t)$ 有一个这样的表示时，则有 $p(\lambda) = 0$. 反过来，我们从定理 3 知道，对 $p(t)$，利用 $q(t) = t - \lambda$，有形如 $p(t) = m(t)(t-\lambda) + r(t)$ 的表示，这里 $\operatorname{grad} r(t) < \operatorname{grad}(t-\lambda) = 1$. 于是 $r(t) = d_0 = $ 常数，当 $p(\lambda) = 0$ 时，则成立 $0 = p(\lambda) = m(\lambda)(\lambda-\lambda) + d_0 = d_0$.

定义 3 我们说阶为 $n \geq 1$ 的多项式 $p(t) = \sum_{i=0}^{n} a_i t^i \in K[t]$ 能完全分解成线性因子，如果在 K 中存在（不必须互不相等的）元素 $\lambda_1, \cdots, \lambda_n$，使得

$$p(t) = a_n(t-\lambda_1)\cdots(t-\lambda_n)$$

称 $\lambda_i (1 \leq i \leq n)$ 为 $p(t)$ 的零点（或根）.

注 （1）称 λ_i 为"零点"是确切的. 因为显然有 $p(\lambda_i) = 0$，而对 $\lambda \notin \{\lambda_1, \cdots, \lambda_n\}$，有 $p(\lambda) = $

$a_n \prod_i (\lambda - \lambda_i) \neq 0.$

(2) 集合 $\{\lambda_1, \cdots, \lambda_n\}$ 中 n 个元素并不需要互不相同. 我们可在此集合上将恒同关系定义为等价关系,并在陪集中选择代表元素. 当把这些代表元素记为 $\{\mu_1, \cdots, \mu_r\}$ 时,我们有下列补充:

补充 设定义 3 中的 $p(t)$ 形如
$$p(t) = a_n (t - \mu_1)^{m_1} \cdots (t - \mu_r)^{m_r}$$
且 $\{\mu_1, \cdots, \mu_r\}$ 中的元素互不相等,于是称 m_j 为零点 μ_j 的重数.

注 (1) 显然有 $\sum_{j=1}^{r} m_j = n$,其中 r 是介于 1 和 n 之间的一个整数,$m_j \geqslant 1$.

(2) 存在着这样的问题:是否每个多项式 $p(t) \in K[t]$ 都能分解成线性因子. 这是关于 K 的一个条件. 譬如对 $K = R$,这是不满足的,例如我们可以考察 $p(t) = t^2 + 1$. 但如把 $p(t)$ 看成是 $C[t]$ 中的元素,则有表示 $p(t) = (t - i)(t + i)$. 在域的理论中,要研究哪些多项式 $p(t) \in K[t]$ 可分解成线性因子的问题. 我们总能把一个给定的域扩张成一个域,使得在这个域中所有的多项式可分解成线性因子. 我们只限于引用所谓的代数基本定理:"每个多项式 $p(t) \in C[t]$ 可分解成线性因子",而对其证明,存在着一个利用函数论方法的简单的证明.

(3) 我们在这里叙述这个定理的一个简单的推论,称它为实多项式的基本定理:"每个多项式 $p(t) \in$

$R[t]$ 可分解为 1 阶和 2 阶多项式的乘积". 我们在稍后将需要它.

证明可直接地得自注解: $p(t)$ 能被考虑成 $C[t]$ 中的多项式, 于是可分解成线性因子

$$p(t) = a_n(t-\lambda_1)\cdots(t-\lambda_n) \quad (\text{其中 } \lambda_j \in C)$$

因为 $p(t)$ 的系数是实的, 所以 $\overline{p(t)} = p(t)$, 于是

$$(t-\overline{\lambda}_1)\cdots(t-\overline{\lambda}_n) = (t-\lambda_1)\cdots(t-\lambda_n)$$

即 λ_j 和 $\overline{\lambda}_j$ 都是 $p(t)$ 的根. 当 $\lambda_j \neq \overline{\lambda}_j$ 时, 则存在 k, 使得 $\overline{\lambda}_j = \lambda_k$. 两个因子 $t-\lambda_j$ 和 $t-\lambda_k = t-\overline{\lambda}_j$ 的乘积是实的 2 次多项式

$$(t-\lambda_j)(t-\overline{\lambda}_j) = t^2 - (\lambda_j + \overline{\lambda}_j)t + \lambda_j\overline{\lambda}_j$$

标准形的初等理论所达到的顶峰是:

定理 4 设 $f: V \to V$ 是线性的, 当 $\chi_f(t)$ 完全分解成线性因子 $\chi_f(t) = (t-\lambda_1)\cdots(t-\lambda_n)$, 且其中的根互不相同时, 则 f 是具有形如 $(\delta_{ij}\lambda_j)$ 的坐标表示.

空间 V 是由相应于 λ_i 的 n 个特征向量所构成的 1 维子空间 $V_f(\lambda_i)$ 的直和.

特别地, 如果 $\chi_A(t)$ 完全分解成线性因子, 且有互不相同的根, 则 $A \in M_K(n,n)$ 共轭于一个对角矩阵.

证明 对每个 i, 令 $\boldsymbol{b}_i$ 是相应于 λ_i 的非零特征向量. 按照引理 2, $B = \{\boldsymbol{b}_1, \cdots, \boldsymbol{b}_n\}$ 是自由的, 且包含 $n = \dim V$ 个元素. 于是 B 是一组基, 现在结论可得自定理 2.

2.2.3 哈密尔顿-凯莱定理

设 V 是 K 上的一个 n 维向量空间. 我们固定一个线性映射 $f \in L(V;V)$. 于是可由此确定出环 $K[t]$ 到环 $L(V;V)$ 中的一个态射,它对于进一步的理论有着根本的意义.

定义 4 设 $f: V \to V$ 是线性的. 定义映射
$$\psi_f : K[t] \to L(V;V)$$
如下;对多项式 $p(t) = \sum_i a_i t^i$,让它与线性映射
$$\psi_f(p(t)) = p(f) = \sum_i a_i f^i : V \to V$$
相对应.

注 注意 $L(V;V)$ 是一个环(甚至还是一个 K-代数),于是有 $\sum_i a_i f^i \in L(V;V)$. 这里 f^0 代表恒等元 id_V.

引理 3 定义 4 中的映射 ψ_f 是一个环态射(甚至还是 K-代数态射),即
$$\psi_f(ap(t) + a'p'(t)) = a\psi_f(p(t)) + a'\psi_f(p'(t))$$
$$\psi_f(p(t)q(t)) = \psi_f(p(t))\psi_f(q(t))$$
我们也用 $K[f]$ 来记 $\mathrm{Im}\,\psi_f$.

证明 显然 ψ_f 是线性的,于是只需证明
$$\psi_f(t^k)\psi_f(t^l) = \psi_f(t^{k+l})$$
而这也是显然的: $f^k f^l = f^{k+l}$.

哈密尔顿-凯莱定理是:

定理 5 设 $f \in L(V;V), \chi_f(t) \in K[t]$ 是 f 的特征多项式,于是 $\psi_f(\chi_f(t)) = \chi_f(f) = 0 \in L(V;V)$.

证明 如我们在定义 2 的注解(1)中已经注意到的那样,在 2.1.4 和 2.1.5 中所阐明的行列式理论,对元素在交换环 R 中的矩阵来说,也是成立的. 现在我们选取 R 为 $L(V;V)$ 的子环 $K[f] = \mathrm{Im}\,\psi_f$.

设 $\boldsymbol{B} = \{b_1, \cdots, b_n\}$ 是 V 的一组基,$\boldsymbol{B}^* = \{b_1^*, \cdots, b_n^*\}$ 是其对偶基. f 的矩阵表示 $\Phi_{\boldsymbol{B}} \circ f \circ \Phi_{\boldsymbol{B}}^{-1}$ 是用 $\boldsymbol{A} = (a_{ij})$ 给出的,这里 $a_{ij} = \langle b_i^*, f(b_j) \rangle$. 于是特别地,有

$$\sum_i (f\delta_{il} - a_{il})b_i = 0 \quad (\text{对所有的 } l) \quad (2)$$

考察元素在 $K[f]$ 中的矩阵 $f\boldsymbol{E} - \boldsymbol{A} = (f\delta_{ij} - a_{ij})$,如在 2.1.5 中的定义 9 和命题 7 中那样,我们定义 $(f\boldsymbol{E} - \boldsymbol{A})_{kl} = (\text{简记为}) A_{kl}(f)$,于是

$$\sum_i (f\delta_{il} - a_{il})\det A_{kl}(f) = \delta_{ik}\det(f\boldsymbol{E} - \boldsymbol{A}) = \delta_{ik}\chi_f(f)$$

将此方程式应用于一个基元素 b_i 上,并关于 i 作和,利用(2),可以得出(注意 $K[f]$ 是交换的)

$$0 = \sum_l \det A_{kl}(f) \sum_i (f\delta_{il} - a_{il})(b_i) = \chi_f(f)(b_k)$$

作为定理 5 的第一个应用,我们来证明:

定理 6 设 $f: V \to V$ 是线性的,于是存在恰好一个首项系数为 1 的多项式 $\mu_f(t)$,使得每一个满足 $p(f) = 0$ 的多项式 $p(t)$ 都是 $\mu_f(t)$ 的倍式. 特别地,$\mu_f(t)$ 是特征多项式 $\chi_f(t)$ 的因式.

定义 5 称上述所定义的多项式 $\mu_f(t)$ 为 f 的极小多项式. 它是首项系数为 1 的最小阶的非零多项式,使得当用 f 去替代 t 时,V 成为它的零空间.

定理 6 的证明 用 $N_f[t]$ 来记使 $p(f) = 0$ 的多项

式 $p(t) \in K[t]$ 的集合,即对所有 $x \in V$,有 $p(f)x = 0$,当 $p \neq 0$ 时,首项系数应为 1.

按照定理 5,$\chi(t) \equiv \chi_f(t)$ 属于 $N_f[t]$. 于是在 $N_f[t]$ 中存在一个最小阶的多项式 $\mu(t) \equiv \mu_f(t) \neq 0$,$\mu(t)$ 的阶 $\leq \chi(t)$ 的阶 $= n = \dim V$.

设 $p(t) \in N_f[t]$,$p(t) \neq 0$. 欧氏算法定理 3 给出了公式

$$p(t) = m(t)\mu(t) + r(t)$$

且 $\text{grad } r(t) < \text{grad } \mu(t)$. 由 $p(f) = 0$ 及 $\mu(f) = 0$ 得出 $r(f) = 0$,于是由 $\mu(t)$ 的定义知道 $r(t) = 0$.

现设 $\mu'(t)$ 是如上所定义的极小多项式,于是 $\mu'(t)$ 是 $\mu(t)$ 的倍式,因为这两个多项式的首项系数均为 1,所以得出 $\mu'(t) = \mu(t)$.

我们再重提在 2.2.2 中所提到的线性映射的简单的矩阵表示的问题,作为目前的结果. 我们指出:

定理 7 $f \in L(V;V)$ 具有一个三角矩阵的坐标表示的充要条件为 $\chi_f(t)$ 完全分解成线性因子.

证明 设 $\Phi \circ f \circ \Phi^{-1} = A = (a_{ij})$ 是一个(上)三角矩阵,即对 $i > j$,有 $a_{ij} = 0$. 于是 $tE - A$ 也是上三角矩阵,且由命题 2,对 $\chi_A(t) = \chi_f(t)$,可以得到

$$\chi_f(t) = (t - a_{11}) \cdots (t - a_{nn})$$

反过来,现设 $\chi_f(t) = (t - \lambda_1) \cdots (t - \lambda_n)$. 我们对 n 运用归纳法,利用三角矩阵去证明 f 的坐标表示 $\Phi \circ f \circ \Phi^{-1}$ 的存在性. 对 $n = 1$,结论显然是正确的. 现设对 $f': V' \to V'$,$\dim V' = n - 1$,结论已被证明.

Hamilton–Cayley 定理

现对 $f: V \to V$,考察对应于特征值 λ_1 的非零特征向量 $\boldsymbol{b}_1$. 设 U 是由 $\boldsymbol{b}_1$ 所生成的子空间,V' 是 U 在 V 中的补. 定义 $f': V' \to V'$ 为 $f|_{V'}: V' \to V$ 与投影 $V = U + V' \to V'$ 的复合. 我们断言

$$\chi_{f'}(t) = (t - \lambda_2) \cdots (t - \lambda_n)$$

事实上,通过 V' 的一组基 B' 补充 $\boldsymbol{b}_1$,使其成为 V 的一组基 B. 在矩阵 $\Phi_B \circ f \circ \Phi_B^{-1} = \boldsymbol{A} = (a_{ij})$ 中的第一列为 $a_{i1} = \delta_{i1}\lambda_1$. 于是 $t\boldsymbol{E} - \boldsymbol{A}$ 中的第一列为 $\delta_{i1}(t - \lambda_1)$. 与 $t\boldsymbol{E} - \boldsymbol{A}$ 的 $(1,1)$ 元素 $t - \lambda_1$ 相补的 $(n-1, n-1)$ - 矩阵 $S_{11}(t\boldsymbol{E} - \boldsymbol{A})$ 是矩阵 $t\boldsymbol{E}' - \boldsymbol{A}'$,其中 $\boldsymbol{A}' = \Phi_{B'} \circ f \circ \Phi_{B'}^{-1}$ 及 $\boldsymbol{E}' = (n-1, n-1)$ - 单位矩阵,于是有

$$\chi_f(t) = \det(t\boldsymbol{E} - \boldsymbol{A})$$
$$= (t - \lambda_1)\det(t\boldsymbol{E}' - \boldsymbol{A}')$$
$$= (t - \lambda_1)\chi_{f'}(t)$$

因而得到了我们的结论.

因此我们能按照对 V' 的归纳假设去选取基 B',使得 $\boldsymbol{A}' = \Phi_{B'} \circ f \circ \Phi_{B'}^{-1}$ 是一个 $(n-1, n-1)$ - 矩阵. 因而 $\boldsymbol{A} = \Phi_B \circ f \circ \Phi_B^{-1}$ 也是一个三角矩阵.

推论 如果 $\lambda_1, \cdots, \lambda_n$ 是矩阵 $\boldsymbol{A}$ 的特征值,则

$$\det \boldsymbol{A} = \lambda_1 \cdot \cdots \cdot \lambda_n$$

证明 在三角阵中,特征值排列在对角线上,对这样的矩阵,行列式是对角元素的乘积.

2.3 矩阵在相似变换下的约当标准形

设 A 是 n 阶方阵,对任一非奇异阵 P, $A \mapsto P^{-1}AP$ 称为相似变换. 由定义容易看出,矩阵的特征值是在相似变换下的不变量. A 在相似变换下的标准形问题是矩阵论的最基本的问题之一. 我们将用线性空间直和分解的方法来叙述有关结论,好处是避免了一般教科书上的关于 λ - 矩阵的讨论,且能给出变换矩阵 P 的求法. 本节一律在复数域里讨论.

定义 1 设 $\mathscr{A}: U^n \to U^n$ 是一个线性变换,$S \subset U^n$ 是子空间,如果有 $\mathscr{A}S \subset S$,则称 S 是 $\mathscr{A}$ 的不变子空间.

定义 2 设 $\mathscr{A}: U^n \to U^n$ 是线性变换,如果 $x \neq 0$ 满足

$$\mathscr{A}x = \lambda x$$

则称 x 是相应于特征值 λ 的特征向量,其中 λ 称为算子 $\mathscr{A}$ 的特征值.

例 1 n 阶方阵 A 可看作 U^n 上的线性算子. 如果 λ 是矩阵 A 的特征值,则有 $\det(\lambda I - A) = 0$. 因此,方程 $(\lambda I - A)x = 0$ 有非零解 x,可推出 $Ax = \lambda x$. 得到 λ 正是算子 A 的特征值,而 x 是相应于 λ 的特征向量. 因此,算子的特征值与它的表示矩阵的特征值是同一的. 并且因 $Ax = \lambda x \in R(x)$,得 $R(x)$ 是 A 的不变子空间.

Hamilton – Cayley 定理

若 $\operatorname{rank}(\lambda I - A) = r$,有 $N(A - \lambda I)$ 的维数为 $n - r$,因此,相应于 λ 的线性无关的特征向量至多可以有 $n - r$ 个. 它们所构成的子空间恰是 $N(A - \lambda I)$,它是算子 A 的不变子空间(思考题),又称作特征值 λ 的特征子空间,简记为 S_λ.

定理 1 如果 U^n 可分解为 A 的不变子空间 $S_1, \cdots, S_k$ 的直和,即 $AS_i \subset S_i, i = 1, \cdots, k, U^n = S_1 \oplus S_2 \oplus \cdots \oplus S_k$,则可选

$$p_{i1}, \cdots, p_{ir_i} \in S_i \quad (i = 1, \cdots, k)$$

使得 $\{p_{i1}, \cdots, p_{ir_i}\}(i = 1, \cdots, k)$ 是 U^n 的基. 并且在记

$$P_i \triangleq [p_{i1} \mid \cdots \mid p_{ir_i}], P \triangleq [P_1 \mid \cdots \mid P_k]$$

时,有

$$P^{-1}AP = \begin{pmatrix} D_1 & & 0 \\ & \ddots & \\ 0 & & D_k \end{pmatrix} \tag{1}$$

是分块对角阵.

证明 由直和的定义,可选由定理所述的基是显然的. 因 S_i 是不变子空间,有 $R(AP_i) \subset R(P_i)$,有 $AP_i = P_i D_i$,这里 D_i 是一个 r_i 阶的方阵. 于是

$$AP = P \begin{pmatrix} D_1 & & \\ & \ddots & \\ & & D_k \end{pmatrix} \Rightarrow (1)$$

下面我们将把特征子空间的概念扩充为广义特征子空间,然后化 R^n 为广义特征子空间的直和,且在广义特征子空间中选取适当的基向量,使 A 化为分块对

角阵,并且,每一对角块都是所谓的 Jordan 块,即如下的 k 阶上三角阵

$$J_k(\lambda_i) = \begin{pmatrix} \lambda_1 & 1 & 0 \\ & \ddots & \ddots & \\ & & \ddots & 1 \\ 0 & & & \lambda_i \end{pmatrix} \qquad (2)$$

定义 3 设 A 是 n 阶方阵,λ 是它的特征值. 显然有

$$N(A - \lambda I) \subset N((A - \lambda I)^2) \subset \cdots \subset$$
$$N((A - \lambda I)^k) \subset N((A - \lambda I)^{k+1}) \subset \cdots$$

因空间维数的有限性,在上述序列中,必有相邻两空间相等的情形出现(否则,对应的维数序列严格递增,而这是不可能的),设第一次出现相等的是 $N((A - \lambda I)^r) = N((A - \lambda I)^{r+1})$. 这时必有 $\text{rank}(A - \lambda I)^r = \text{rank}(A - \lambda I)^{r+1}$ 知,$\forall k > r$,必有 $N((A - \lambda I)^k) = N((A - \lambda I)^r)$. 我们称 $N((A - \lambda I)^r)$ 为 A 的相应于 λ 的广义特征子空间. 称 r 为 λ 的指标,或矩阵 $A - \lambda I$ 的指标.

对任一 $x \in N((A - \lambda I)^r)$,必定有 $(A - \lambda I)^r x = 0$. 当 $x \neq 0$,必有一正整数 $k \leq r$ 满足

$$(A - \lambda I)^{k-1} x \neq 0, \text{而} (A - \lambda I)^k x = 0 \qquad (3)$$

称 x 为 A 的相应于 λ 的秩为 k 的广义特征向量. 易见,秩为 1 的正是特征向量.

定理 2 A 的相应于 λ 的秩各不相同的广义特征向量集是线性无关的.

证明 设此广义特征向量集为 $\{x_1,\cdots,x_l\}$，其中 x_i 的秩是 k_i，并有 $k_1<k_2<\cdots<k_l$. 于是，若有

$$\sum_{i=1}^{l}\alpha_i x_i = \mathbf{0}$$

用 $(A-\lambda I)^{k_l-1}$ 去作用，得

$$(A-\lambda I)^{k_l-1}(\sum\alpha_i x_i)$$
$$=\alpha_l(A-\lambda I)^{k_l-1}x_l \stackrel{(3)}{=} \mathbf{0} \Rightarrow \alpha_l = 0$$

再将 $(A-\lambda I)^{k_{l-1}-1}$ 作用于 $\sum_{i=1}^{l-1}\alpha_i x_i = \mathbf{0}$，又可推出 $\alpha_{l-1}=0$，依此类推得 $\alpha_1 = \alpha_2 = \cdots = \alpha_{l-1} = \alpha_l = 0$，得证.

定理3 $N((A-\lambda I)^r)$ 与 $R((A-\lambda I)^r)$ 都是 A 的不变子空间，并且

$$U^n = R((A-\lambda I)^r) \oplus N((A-\lambda I)^r) \qquad (4)$$

证明 根据 A 与 $(A-\lambda I)^r$ 的乘积可交换性，易于从定义直接看出定理的前一结论.

因 $\text{rank}(A-\lambda I)^{2r} = \text{rank}(A-\lambda I)^r$（注意：$N((A-\lambda I)^{2r}) = N((A-\lambda I)^r)$），得

$$R((A-\lambda I)^r) \cap N((A-\lambda I)^r) = \{\mathbf{0}\}$$

易知二者之和为直和，又由

$$\dim R((A-\lambda I)^r) + \dim N((A-\lambda I)^r) = n$$

得(4).

以后简记 $N_\lambda \triangleq N((A-\lambda I)^r)$，$R_\lambda \triangleq R((A-\lambda I)^r)$，$r$ 是 λ 的指标.

定理4 设 λ_1,λ_2 是 A 的相异特征根，它们的指标分别为 r_1 和 r_2，则有

$$N_{\lambda_2} \subset R_{\lambda_1} \tag{5}$$

证明 由定理 3，有 $U^n = R_{\lambda_1} \oplus N_{\lambda_1}$. 任给 $x \in N_{\lambda_2} \subset U^n$，有 $x = y + z, y \in R_{\lambda_1}, z \in N_{\lambda_1}$，于是

$$y = (A - \lambda_1 I)^{r_1} t, \quad (A - \lambda_1 I)^{r_1} z = 0$$

从而得

$$\begin{aligned}
0 &= (A - \lambda_2 I)^{r_2} x = (A - \lambda_2 I)^{r_2} ((A - \lambda_1 I)^{r_1} t + z) \\
&= (A - \lambda_2 I)^{r_2} (A - \lambda_1 I)^{r_1} t + (A - \lambda_2 I)^{r_2} z \\
&\triangleq u + [A - \lambda_1 I + (\lambda_1 - \lambda_2) I]^{r_2} z \\
&= u + \sum_{i=0}^{r_2} \binom{r_2}{i} (A - \lambda_1 I)^{r_2 - i} (\lambda_1 - \lambda_2)^i z \\
&= u + \sum_{i=0}^{r_2 - 1} \binom{r_2}{i} (A - \lambda_1 I)^{r_2 - i} (\lambda_1 - \lambda_2)^i z + (\lambda_1 - \lambda_2)^{r_2} z
\end{aligned}$$

当 $z = 0$ 时，得 $x \in R_{\lambda_1}$，已得要证的结论. 现设 $z \neq 0$，它的秩为 k. 因此由上式得

$$\begin{aligned}
0 &\neq (A - \lambda_1 I)^{k-1} z \\
&= (A - \lambda_1 I)^{k-1} \Big[-(\lambda_1 - \lambda_2)^{-r_2} u - \\
&\quad (\lambda_1 - \lambda_2)^{-r_2} \sum_{i=0}^{r_2 - 1} \binom{r_2}{i} (A - \lambda_1 I)^{r_2 - i} (\lambda_1 - \lambda_2)^i z \Big] \\
&= -(\lambda_1 - \lambda_2)^{-r_2} (A - \lambda_1 I)^{k-1} u + 0 \\
&= -(\lambda_1 - \lambda_2)^{-r_2} (A - \lambda_1 I)^{k-1} (A - \lambda_2 I)^{r_2} (A - \lambda_1 I)^{r_1} t \\
&= (A - \lambda_1 I)^{r_1} \Big[-(\lambda_1 - \lambda_2)^{-r_2} (A - \lambda_1 I)^{k-1} \times \\
&\quad (A - \lambda_2 I)^{r_2} t \Big] \in R_{\lambda_1}
\end{aligned}$$

另一方面，由 $z \in N_{\lambda_1} \Rightarrow (A - \lambda_1 I)^{k-1} z \in N_{\lambda_1}$，得

Hamilton – Cayley 定理

$$0 \neq (A - \lambda_1 I)^{k-1} z \in R_{\lambda_1} \cap N_{\lambda_1}$$

与定理 3 矛盾. 因此, 只能有 $z = 0$.

定理 5 设 $\lambda_1, \cdots, \lambda_k$ 是 A 的全部相异特征根, 则有

$$U^n = N_{\lambda_1} \oplus \cdots \oplus N_{\lambda_k} \qquad (6)$$

证明 首先, 由 (4) 得 $U^n = N_{\lambda_1} \oplus R_{\lambda_1}$. 由 $N_{\lambda_2} \subset R_{\lambda_1}$ 得 $R_{\lambda_1} = N_{\lambda_2} \oplus R_{\lambda_1} \cap R_{\lambda_2}$, 又由 $N_{\lambda_3} \subset R_{\lambda_1} \cap R_{\lambda_2}$ 得

$$R_{\lambda_1} \cap R_{\lambda_2} = N_{\lambda_3} \oplus R_{\lambda_1} \cap R_{\lambda_2} \cap R_{\lambda_3}$$

如此继续下去, 得到

$$U^n = N_{\lambda_1} \oplus N_{\lambda_2} \oplus \cdots \oplus N_{\lambda_k} \oplus R_{\lambda_1} \cap R_{\lambda_2} \cap \cdots \cap R_{\lambda_k}$$

如果 $R_{\lambda_1} \cap R_{\lambda_2} \cap \cdots \cap R_{\lambda_k} \neq \{0\}$, 因它是 A 的不变子空间, 其中必有 A 的特征向量 $x \neq 0$, 然而, 作为 A 的特征向量, $x \in N_{\lambda_1} \oplus \cdots \oplus N_{\lambda_k}$, 与直和分解相矛盾. 因此, 必有 $R_{\lambda_1} \cap R_{\lambda_2} \cap \cdots \cap R_{\lambda_k} = \{0\}$, 即得 (6).

为了选取 N_λ 中的基向量, 我们需要进一步剖析 N_λ 的结构. 令

$$N^j = \{x : (A - \lambda I)^j x = 0\} \quad (j = 1, \cdots, r) \qquad (7)$$

这里 r 是 λ 的指标. 显然有

$$N^1 \subset N^2 \subset \cdots \subset N^r = N_\lambda$$

注意到在集合 $N^{j+1} - N^j$ 中包含所有秩为 $j+1$ 的广义特征向量, 可在其中选取线性无关集与 N^j 中的基合并成 N^{j+1} 的基. 设所选的线性无关集构成 N^{j+1} 的子空间 $\mathscr{T}^j$. 于是有

$$N^{j+1} = \mathscr{T}^j \oplus N^j \quad (j = 1, \cdots, r - 1)$$

记 $\mathscr{T}^0 = N^1$, 我们得以下定理:

定理 6 设 λ 是 A 的指标为 r 的特征根,则有
$$N_\lambda = \mathscr{T}^{r-1} \oplus \mathscr{T}^{r-2} \oplus \cdots \oplus \mathscr{T}^1 \oplus \mathscr{T}^0 \quad (8)$$
我们还需要以下事实:

定理 7 设无关集 $\{x_1,\cdots,x_l\} \subset \mathscr{T}^j$,则
$$\{(A-\lambda I)^i x_1,\cdots,(A-\lambda I)^i x_l\} \quad (i=1,\cdots,j)$$
都是无关集.

证明 因线性相关集在 $A-\lambda I$ 的作用下仍为线性相关,故只需证明 $\{(A-\lambda I)^j x_1,\cdots,(A-\lambda I)^j x_l\}$ 为线性无关集就够了. 如果
$$\sum_{i=1}^l \alpha_i (A-\lambda I)^j x_i = \mathbf{0} \Rightarrow (A-\lambda I)^j (\sum_{i=1}^l \alpha_i x_i) = \mathbf{0}$$
因 $\mathscr{T}^j$ 中是秩为 $j+1$ 的广义特征向量或零向量,得
$$\sum_{i=1}^l \alpha_i x_i = \mathbf{0}$$
由假设推得 $\alpha_1 = \cdots = \alpha_l = 0$.

现在可给出基本定理:

定理 8 设 A 是 n 阶方阵,则存在可逆阵 P,使得
$$P^{-1}AP = \begin{pmatrix} J_1 & & \mathbf{0} \\ & \ddots & \\ \mathbf{0} & & J_s \end{pmatrix} \quad (J_1,\cdots,J_s \text{ 为 Jordan 块})$$
(9)

证明 根据定理 1 和定理 5,我们只需对 N_λ 来讨论,这里 λ 是 A 的特征值,N_λ 是广义特征空间. 我们按以下手续在 N_λ 中选基:记 $d_j = \dim(\mathscr{T}^j)$.

Hamilton – Cayley 定理

（1）在 $\mathscr{T}^{r-1}$ 中选基

$$x_1,\cdots,x_{d_{r-1}}$$

在 $\mathscr{T}^{r-2}$ 中选基

$$(A-\lambda I)x_1,\cdots,(A-\lambda I)x_{d_{r-1}},x_{d_{r-1}+1},\cdots,x_{d_{r-2}}$$

在 $\mathscr{T}^{r-3}$ 中选基

$$(A-\lambda I)^2 x_1,\cdots,(A-\lambda I)^2 x_{d_{r-1}},(A-\lambda I)x_{d_{r-1}+1},\cdots,$$
$$(A-\lambda I)x_{d_{r-2}},x_{d_{r-2}+1},\cdots,x_{d_{r-3}}$$

$$\vdots$$

在 $\mathscr{T}^0$ 中选基

$$(A-\lambda I)^{r-1}x_1,\cdots,(A-\lambda I)^{r-1}x_{d_{r-1}},(A-\lambda I)^{r-2}x_{d_{r-1}+1},\cdots,$$
$$(A-\lambda I)^{r-2}x_{d_{r-2}},\cdots,(A-\lambda I)x_{d_1},x_{d_1+1},\cdots,x_{d_0}$$

（2）将（1）中所选基向量重新组合，记

$$P_{i_j}=[(A-\lambda I)^{r-j}x_{i_j}\ \vdots\ \cdots\ \vdots\ (A-\lambda I)x_{i_j}\ \vdots\ x_{i_j}]$$
$$i_j=d_{r-j+1}+1,\cdots,d_{r-j},j=1,\cdots,r,d_r=0$$

这里 P_{i_j} 是 $n\times(r-j+1)$ 阶的列满秩阵. 容易验证

$$(A-\lambda I)P_{i_j}=P_{i_j}\cdot S_{i_j}$$

其中

$$S_{i_j}\triangleq\begin{pmatrix}0 & 1 & & \mathbf{0}\\ & \ddots & \ddots & \\ & & & 1\\ \mathbf{0} & & & 0\end{pmatrix}$$

为 $r-j+1$ 阶方阵. 因此

$$AP_{i_j}=P_{i_j}\begin{pmatrix}\lambda & 1 & & \mathbf{0}\\ & \ddots & \ddots & \\ & & \ddots & 1\\ \mathbf{0} & & & \lambda\end{pmatrix}\triangleq P_{i_j}J_{i_j}$$

J_{ij} 为 $r-j+1$ 阶 Jordan 块.

由上述可见,相应于 λ, 1 阶 Jordan 块有 d_0-d_1 个, 2 阶 Jordan 块有 d_1-d_2 个……r 阶 Jordan 块有 d_{r-1} 个.

作为 Jordan 标准形的应用的例子,我们给出如下的哈密尔顿 – 凯莱定理:

定理 9 设 $f(x)$ 是 n 阶方阵 A 的特征多项式,则有 $f(A)=0$.

证明 设 A 的 Jordan 标准形为 $J=P^{-1}AP$. 注意到 $f(A)=Pf(J)P^{-1}$,只要证 $f(J)=0$ 就够了. 又因为 J 是分块对角阵,它的幂也是同样分块的分块对角阵. 因此,要证 $f(J)=0$,只要证明 $f(J_k(\lambda_0))=0$,这里

$$J_k(\lambda_0) = \begin{pmatrix} \lambda_0 & 1 & & 0 \\ & \ddots & \ddots & \\ & & \ddots & 1 \\ 0 & & & \lambda_0 \end{pmatrix}_k$$

设 $f(\lambda) = \prod_{i=1}^{n}(\lambda-\lambda_i)$,于是

$$f(J_k(\lambda_0)) = (J_k(\lambda_0)-\lambda_1 I)\cdots(J_k(\lambda_0)-\lambda_n I) \quad (10)$$

因 λ_0 至少是 A 的 k 重根,(10) 右边的因子中至少有 k 个是

$$J_k(\lambda_0)-\lambda_0 I = -\begin{pmatrix} 0 & 1 & & 0 \\ & \ddots & \ddots & \\ & & \ddots & 1 \\ 0 & & & 0 \end{pmatrix}$$

而

Hamilton – Cayley 定理

$$\begin{pmatrix} 0 & 1 & & \mathbf{0} \\ & \ddots & \ddots & \\ & & & 1 \\ \mathbf{0} & & & 0 \end{pmatrix}^k = \begin{pmatrix} 0 & 0 & 1 & \mathbf{0} \\ & \ddots & \ddots & \ddots \\ & & & & 1 \\ & & & & 0 \\ \mathbf{0} & & & & 0 \end{pmatrix}^{k-1} = \cdots$$

$$= \begin{pmatrix} 0 & \cdots & 0 & 1 \\ & & & 0 \\ & \ddots & & \vdots \\ \mathbf{0} & & & 0 \end{pmatrix}^2 = \mathbf{0}$$

故得 $f(\boldsymbol{J}_k(\lambda_0)) = \mathbf{0}$.

注 当 $\boldsymbol{A}$ 是实矩阵时,并不能保证 $\lambda_1,\cdots,\lambda_n$ 是实数. 若 $\lambda_1,\cdots,\lambda_n$ 也是实数,则可取(9)中的 $\boldsymbol{P}$ 为实阵.

第 3 章 应用篇

3.1 引言

本章的目的是提供几个代数特征问题

$$Ax = \lambda x$$

的应用例子,其中 A 是一个已知的 $n \times n$ 矩阵. 数 λ 称为矩阵 A 的本征值,特征根或特征值,而 n 维列矢量 x 称为 A 的本征矢量,固有矢量或特征矢量. 这一章的目的是提供在各种广泛应用领域中所出现的这种问题的某些例子. 假定读者已经熟悉了某些标准的定义和符号约定,而不熟悉这些内容的读者应参考第 2 章.

3.2 一个几何例子

n 维空间中的一个椭球方程,按照笛卡儿形式,是由

$$\frac{1}{2}\sum_{i=1}^{n}\sum_{j=1}^{n}a_{ij}z_{i}z_{j} + \sum_{j=1}^{n}b_{j}z_{j} + c' = 0$$

Hamilton – Cayley 定理

给出的,其中 $z = (z_1, z_2, \cdots, z_n)^T$ 是 n 维空间中的一个点. 用矩阵符号,这个方程可以紧凑地写为

$$\frac{1}{2}z^T A z + b^T z + c' = 0$$

其中 c' 是一个已知常数,b 是一个已知矢量,而 A 是一个已知的对称正定矩阵. 通过适当地平移坐标轴

$$z = x - A^{-1} b$$

这个方程可简化为

$$\frac{1}{2} x^T A x + c = 0$$

如果这个超椭球上的一点 x 的位置矢量与 x 处的梯度矢量一致,那么 x 就是这个超椭球的主轴. 于是,这个主轴的集合就是那些同时对应了位置矢量与梯度矢量的方向. 一个二维的例子将有助于阐明这一点. (这里 x 的两个分量用 x, y 表示)在图 1 中,画出了曲线

$$ax^2 + 2bxy + cy^2 = d$$

在一般的点 (x, y) 处,梯度的方向为 $(ax + by, bx + cy)$. 在图 1 中的特殊点 (x, y) 处,梯度矢量与以原点为始点的位置矢量有相同的方向. 从而在这一点 (x, y) 处 (以及在任一类似的点处)存在某个数 λ,使得

$$ax + by = \lambda x$$
$$bx + cy = \lambda y$$

或用矩阵符号表示为

$$\begin{pmatrix} a & b \\ b & c \end{pmatrix} \begin{pmatrix} x \\ y \end{pmatrix} = \lambda \begin{pmatrix} x \\ y \end{pmatrix}$$

由这个方程,可推出:主轴是由矩阵

$$\begin{pmatrix} a & b \\ b & c \end{pmatrix}$$

的特征矢量给出的.

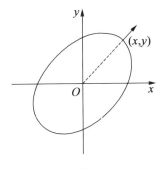

图 1

回到 n 维的例子,就可以看到,梯度矢量是由

$$g = Ax$$

给出的. 于是,主轴由 n 个满足

$$Ax = \lambda x$$

的(非平凡)矢量 x 给出,即由 A 的 n 个特征矢量给出.

3.3 微 小 振 动

特征问题的丰富来源的一个方面就是动力学系统和结构系统中的振动问题的研究.下面所给出的例子是考察在张力作用下的弦上的质点的微小振动.为使问题的分析不致太复杂,我们做一些简化假设.于是,

Hamilton – Cayley 定理

假设弦是均匀的,重力忽略不计,并且在垂直于弦的静止位置的方向上的振动很小. 现在来具体地研究在张力 F 的作用下,弦上四个等距离分布的不同质点的运动. 这个系统表示在图 2 中.

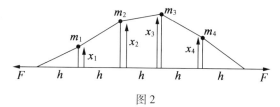

图 2

在上述标准的假设下,这个系统的方程组由

$$m_1 \frac{\mathrm{d}^2 x_1}{\mathrm{d}t^2} = -F\frac{x_1}{h} + F\left(\frac{x_2 - x_1}{h}\right)$$

$$m_2 \frac{\mathrm{d}^2 x_2}{\mathrm{d}t^2} = -F\left(\frac{x_2 - x_1}{h}\right) + F\left(\frac{x_3 - x_2}{h}\right)$$

$$m_3 \frac{\mathrm{d}^2 x_3}{\mathrm{d}t^2} = -F\left(\frac{x_3 - x_2}{h}\right) - F\left(\frac{x_3 - x_4}{h}\right)$$

$$m_4 \frac{\mathrm{d}^2 x_4}{\mathrm{d}t^2} = +F\left(\frac{x_3 - x_4}{h}\right) - F\frac{x_4}{h}$$

给出.

在此定义矢量 $\boldsymbol{x} = (x_1, x_2, x_3, x_4)^{\mathrm{T}}$,并令

$$d_i = \frac{m_i h}{F} \quad (i = 1, 2, 3, 4)$$

这个方程组可用矩阵符号写成

$$\boldsymbol{D}\frac{\mathrm{d}^2 \boldsymbol{x}}{\mathrm{d}t^2} = \boldsymbol{T}\boldsymbol{x} \tag{1}$$

其中 $\boldsymbol{D}$ 是对角矩阵

$$D = \begin{pmatrix} d_1 & 0 & 0 & 0 \\ 0 & d_2 & 0 & 0 \\ 0 & 0 & d_3 & 0 \\ 0 & 0 & 0 & d_4 \end{pmatrix}$$

而 T 是三对角线矩阵

$$T = \begin{pmatrix} -2 & 1 & 0 & 0 \\ 1 & -2 & 1 & 0 \\ 0 & 1 & -2 & 1 \\ 0 & 0 & 1 & 2 \end{pmatrix}$$

当这一系统按正规模式振动时,其方程

$$\frac{d^2 x}{dt^2} = -w^2 x \qquad (2)$$

成立(在这种情况下,质点都以同相或反相振动).将式(2)代入式(1),就可得到关于正规频率 $w_1, \cdots, w_4$ 及其相应的正规模式的特征问题

$$D w^2 x = -T x \qquad (3)$$

虽然初看起来这好像是个形如

$$(A - \lambda B) x = 0$$

的一个广义特征问题,但因 D 的元素都是正的,所以容易将它变成标准的对称三对角型问题

$$D^{-\frac{1}{2}} T D^{-\frac{1}{2}} y = -w^2 y$$

其中 $y = D^{\frac{1}{2}} x$.

容易将这个模型推广到一根弦上有 n 个质点的一般情况,这就导致对式(3)的一个 n 维模拟. 矩阵 T 还是三对角线矩阵. 事实上,它是在数值分析中经常出现

的一种特殊矩阵,其特征值可用解析式表达出来.

3.4 信息系统设计中的一个例子

如果我们把一个信息(存贮和检取两方面)系统看作是由部件子系统所组成,这些子系统同时操作和执行一组运算,以完成这个系统的确定功能,那么这样一种系统的设计目的可叙述为:
(1)确定这个系统的功能.
(2)选择部件子系统,以最优的方式达到这一功能.

在这个问题的下述分析中,我们将会看到一种特殊矩阵的特征矢量起着重要的作用. 我们由这个模型中所用到的几个定义开始.

一个任务定义为系统的功能. 它是由一组操作 $O_1, O_2, \cdots, O_m$ 和每种操作的容量(或工作负荷) $V_1, V_2, \cdots, V_m$ 共同组成的. 一个部件就是完成这些操作中某些部分的一种完全确定的设备. 一个已知部件完成一种给定操作的效率是用操作的成本、时间和规模的函数来度量的. 例如,一个典型的选择就是

$$e = \frac{ct}{n}$$

其中 c 是单位时间内的成本数(以磅为单位);t 是所用的时间;n 是操作规模的度量. 为了完成全部所要求的操作而由部件集 $(S_1, S_2, \cdots, S_n)$ 所构成的整个系统用一个 $n \times m$ 的效率矩阵 E 来表示,其中 (i,j) 处的元

素为 e_{ij},例如

$$e_{ij} = \frac{c_{ij}t_{ij}}{n_{ij}}$$

它是第 i 个部件完成操作 O_j 的效率.

由于设计上述系统是用来完成由一些操作及每种操作的容量共同组成的一项指定的任务,因此,这个系统完成这项任务的成本是

$$x = EV$$

其中

$$x = (x_1, x_2, \cdots, x_n)^{\mathrm{T}}$$
$$V = (V_1, V_2, \cdots, V_m)^{\mathrm{T}}$$

于是,由 E,V 和 x 就给出了这个系统及其特性.这里需要这个系统对于各种不同任务的某种特性的度量,它是由不同的容量矢量 V 来定义的. Rayleigh 商

$$a^2 = \frac{(EV)^{\mathrm{T}}(EV)}{V^{\mathrm{T}}V}$$

就是一种度量.

通用的或整个系统的设计,包括了计算该系统的最大成本,以及由 $E^{\mathrm{T}}E$ 的最大特征值给出的上述度量的最大值. 此外,相应的 V 值是由 $E^{\mathrm{T}}E$ 的相应的特征矢量给定的,而这个 V 值则是达到这种最大值的临界容积.

关于这一应用领域更进一步的详述,可以在 Becker 和 Hayes(1967)的书中找到.

3.5 非线性最优化中的一个特征问题

非线性最优化中的一个基本问题,就是确定一个 n 维矢量 x,它可使数值函数 $f(x) = f(x_1, x_2, \cdots, x_n)$ 达到极小.假定能计算 $f(x)$ 的梯度,用 $g(x)$ 表示它,则可使用某种变尺度法.这类算法要使用解的一个初始猜测或估计 x_0 进而用形如

$$x_{k+1} = x_k + t_k d_k$$

的关系式来计算一个新的点列 $\{x_k\}$.其中: d_k 为方向矢量; t_k 为选使 $f(x_k + t d_k)$ 关于 t 取极小的一个正数,即化为单变量的极小化问题.变尺度法是以利用形如

$$d_k = -H_k g_k$$

的方向矢量为特征的.其中 $g_k = g(x_k)$; H_k 是一个对称正定矩阵.详细阐明这些算法的理论则超出了本节的范围①.

在每一步,新的近似矩阵 H_{k+1} 是用形如

$$H_{k+1} = H_k + E_k, H_0 = I$$

的公式来计算的.实际上重要的是,要保证这个矩阵序列 $\{H_k\}$ 是正定的.即使 H_k 是正定的,但由于舍入误差的存在,可能会使 H_{k+1} 变为不定的,这时,通常选择校正阵 E_k,使得 H_{k+1} 变为正定的. J. Greenstadt 提出了一

---

① 可参看 Luenberger D G. Introduction to Linear and Nonlinear Programming, 1973. ——译者注

种保证正定性的方法,它包括对 H_{k+1} 的一个完整的特征分析. 如果 $\{\lambda_i^{k+1}\}$ 和 $\{u_i^{k+1}\}$ 是 H_{k+1} 的特征值和正交特征矢量,则可以得到

$$H_{k+1} = \sum_{i=1}^{n} \lambda_i^{k+1} u_i^{k+1} \{u_i^{k+1}\}^T$$

现在把 H_{k+1} 重新定义为

$$H_{k+1} = \sum_{i=1}^{n} |\lambda_i^{k+1}| u_i^{k+1} \{u_i^{k+1}\}^T$$

这就保证了 H_{k+1} 是非负定的. 但如果集合 $\{\lambda_i^{k+1}\}$ 中的任何一个元素为零,那么最保险的策略是定义

$$H_{k+1} = I$$

Greenstadt 提出的这个想法,虽然保证了正定性,但遗憾的是这种算法的计算工作量要大大增加. 所以这种方法仅仅对于维数 n 很小的问题是可行的.

3.6 来自数学经济学的一个例子

在大量的经济学问题的研究中,适用于计划工作者的最有用的工具之一,是由 Leontief 所引入的输入 – 输出分析. 输入 – 输出表或 Leontief 矩阵把各个工业部门连接到经济机构的全部工作上. 现在按照 T. F. Dernburg 和 J. D. Dernburg(1969)的书来引入一些概念.

当考察一种工业部门的销售数和购买数时,在此用 b_{ij} 表示工业部门 i 对工业部门 j 的销售数,而 b_{ii} 表示工业部门 i 生产的商品的保留数. 用 y_i 表示工业部

门 i 的产品对外边用户的销售数,x_i 表示总输出. 于是

$$x_i = y_i + \sum_j b_{ij} \qquad (4)$$

下一步是确定输入系数. 假定工业部门 i 对工业部门 j 的销售数同工业部门 j 的输出量之比成固定比例, 则有

$$b_{ij} = a_{ij} x_j$$

就把量 a_{ij} 定义为输入系数. 由方程(4)可以看到,在静态情况下,有

$$\boldsymbol{x} = \boldsymbol{y} + \boldsymbol{A}\boldsymbol{x} \qquad (5)$$

其中

$$\boldsymbol{x} = (x_1, x_2, \cdots, x_n)^{\mathrm{T}}$$
$$\boldsymbol{y} = (y_1, y_2, \cdots, y_n)^{\mathrm{T}}$$

而 $\boldsymbol{A}$ 是一个 $n \times n$ 矩阵, 它的 (i,j) 处的元素为 a_{ij}. 矩阵 $\boldsymbol{I} - \boldsymbol{A}$ 称为 Leontief 矩阵. 方程(5)可以用于确定工业部门所要求的总输出量 $\boldsymbol{x}$, 以满足预定的最终需求量 $\boldsymbol{y}$.

如果供求不是平衡的, 那么就需要用动态模型来代替方程(5). 通常假定: 每种工业的输出变化率与销售水平和生产水平之间的差成比例. 于是将动态模型取为

$$\frac{\mathrm{d}\boldsymbol{x}(t)}{\mathrm{d}t} = \boldsymbol{D}[(\boldsymbol{A} - \boldsymbol{I})\boldsymbol{x}(t) + \boldsymbol{y}(t)] \qquad (6)$$

其中 $\boldsymbol{D}$ 是工业反馈系数的对角阵. 从而方程(6)正是我们所考虑的经济学系统的动态特性的一个简单模型. 这个被模型化了的系统的稳定性问题, 现在可用通

过确定矩阵 $D(A-I)$ 的特征系以及研究方程(6)的解的性质来回答了. 特别地, 对这种模型来说, 具有正实部的特征值的存在, 表明这个系统的不稳定性, 因为所需要的总输出量随时间按指数律增长.

Leontief 矩阵和特征系分析的一个类似用法出现在形如
$$x(t+1) - x(t) = D[(A-I)x(t) + y(t)]$$
的离散动力学系统中. 这种模型是用于研究工业部门间的相互关系、多种市场和国际贸易的稳定性中. 关于更完全的详述, 读者可参看 T. F. Dernburg 和 J. D. Dernburg(1969) 的教程.

3.7　Sturm-Liouville 问题

在常微分方程和偏微分方程的数值分析中, 一个经常遇到的问题就是确定连续问题的近似特征系. 这个问题可以描述杆、板或结构物的振动, 流体的波动, 等等. 这些问题中的许多部分, 现在都可以借助于变分的方法使用通常称为有限元或 Rayleigh-Ritz 法的技术来解决. 在这一节的例子是用一种直接的 Rayleigh-Ritz 法来解决 Sturm-Liouville 问题. 我们的目的是用一个尽可能简单的方法来说明这种技术和所导出的特征问题.

因此, 在此来研究确定这样的 λ 值的问题, 对于这些 λ 值, 在 $[a,b]$ 上存在非平凡的可微函数 $\phi(x)$, 在适当的假设下, 该函数满足微分方程

Hamilton – Cayley 定理

$$(p(x)\phi'(x))' - q(x)\phi(x) + \lambda r(x)\phi(x) = 0 \quad (7)$$

其边界条件为

$$\phi(a) = \phi(b) = 0 \quad (8)$$

规格化条件

$$\int_a^b r(x)\phi^2(x)\,dx = 1 \quad (9)$$

函数 $p(x), q(x), r(x)$ 满足 $p(x) > 0, q(x) \geqslant 0$ 和 $r(x) > 0$. 下一步分析是在区间 $[a,b]$ 上配置由点

$$a = x_0 < x_1 < x_2 < \cdots < x_{N+1} = b$$

所组成的网络. 用 M 表示定义于区间 $[a,b]$ 的网格上的函数的子空间. 例如, M 可以选取为这样的样条子空间, 使得每个 $\psi_j \in M$ 是在每个区间 $[x_j, x_{j+1}]$ 上 ($j = 0, 1, \cdots, N$) 的一个三次多项式, 而且使得 ψ_j 在点 x_j 处具有连续的二阶导数. 关于 M 和基本函数 ψ_j 的选取的实用考虑已超出这个例子的范围和意图.

现在回到 Sturm-Liouville 问题, 我们用一个 Rayleigh-Ritz 极小化形式来计算这里的特征问题. 这样, 求(7)(8)和(9)的解等价于求 Rayleigh 商

$$R[\phi] = \frac{\left\{\int_a^b [p(\phi')^2 + q\phi^2]\,dx\right\}}{\left\{\int_a^b r\phi^2\,dx\right\}} \quad (10)$$

的稳定值和对应的函数 ϕ. 除非做某些简化假设, 一般不使用公式(10). 如果我们把近似解 ϕ 限制在(通常是有限的)子空间 M 中, 则可以进一步分析下去. 于是, 令

第 3 章　应用篇

$$\phi = \sum_{j=1}^{J} c_j \psi_j(x)$$

其中 c_j 是待定的常数，这个问题就简化为确定与式(10)的稳定值相对应的 c_j 值. 为了书写方便，采用符号

$$\phi = \boldsymbol{c}^{\mathrm{T}} \boldsymbol{\psi} \qquad (11)$$

其中

$$\boldsymbol{c} = (c_1, c_2, \cdots, c_J)^{\mathrm{T}}$$
$$\boldsymbol{\psi} = (\psi_1, \psi_2, \cdots, \psi_J)^{\mathrm{T}}$$

如果把式(11)代入式(10)中，则有

$$R[\boldsymbol{c}] = \frac{N(\boldsymbol{c})}{D(\boldsymbol{c})}$$

其中

$$N(\boldsymbol{c}) = \int_a^b [p(x)(\boldsymbol{c}^{\mathrm{T}} \boldsymbol{\psi}'(x))^2 + q(x)(\boldsymbol{c}^{\mathrm{T}} \boldsymbol{\psi}(x))^2] \mathrm{d}x$$

$$D(\boldsymbol{c}) = \int_a^b r(x)(\boldsymbol{c}^{\mathrm{T}} \boldsymbol{\psi}(x))^2 \mathrm{d}x$$

对未知矢量 $\boldsymbol{c}$ 进行微分，就得到这个近似的 Rayleigh 商的稳定值. 这样所得到的方程是

$$\boldsymbol{0} = \frac{1}{D(\boldsymbol{c})^2}[D(\boldsymbol{c})\nabla_0 N(\boldsymbol{c}) - N(\boldsymbol{c})\nabla_0 D(\boldsymbol{c})]$$

如果 $\hat{\boldsymbol{c}}$ 是这个方程组的一个解，那么它可由

$$\nabla_0 N(\hat{\boldsymbol{c}}) - \frac{N(\hat{\boldsymbol{c}})}{D(\hat{\boldsymbol{c}})} \nabla_0 D(\hat{\boldsymbol{c}}) = \boldsymbol{0}$$

或

$$\nabla_0 N(\hat{\boldsymbol{c}}) - R(\hat{\boldsymbol{c}}) \nabla_0 D(\hat{\boldsymbol{c}}) = \boldsymbol{0} \qquad (12)$$

给出. $R(\hat{\boldsymbol{c}})$ 就是 $R(\phi)$ 对于这个解 $\hat{\boldsymbol{c}}$ 的稳定值，且是式

(7)的特征值的一个近似值,而对应的特征函数为
$$\phi = \hat{\boldsymbol{c}}^{\mathrm{T}} \boldsymbol{\psi}$$
现在,由于
$$\nabla_0 N(\boldsymbol{c}) = 2\int_a^b \{p(\boldsymbol{c}^{\mathrm{T}}\boldsymbol{\psi}')\boldsymbol{\psi}' + q(\boldsymbol{c}^{\mathrm{T}}\boldsymbol{\psi})\boldsymbol{\psi}\}\mathrm{d}x$$
$$\nabla_0 D(\boldsymbol{c}) = 2\int_a^b r(\boldsymbol{c}^{\mathrm{T}}\boldsymbol{\psi})\boldsymbol{\psi}\mathrm{d}x$$
都是 $\boldsymbol{c}$ 的线性函数,所以可知式(12)是一个形如
$$\boldsymbol{Ax} - \lambda \boldsymbol{Bx} = \boldsymbol{0}$$
的线性矩阵的特征问题.无疑地,该例中的矩阵 $\boldsymbol{A},\boldsymbol{B}$ 都是对称正定阵.此外,对于子空间 M 的适当选择,可使 $\boldsymbol{A},\boldsymbol{B}$ 阵化为窄小的带形阵(即非零元素都聚集在主对角线附近).

这样一来,我们所讲述的方法,是把确定 Sturm-Liouville 特征系的近似解的问题,由一个矩阵特征问题代替了.

人 物 篇

4.1 四元数的创立者——哈密尔顿

4.1.1 哈密尔顿的生平

哈密尔顿(W. R. Hamilton,1805—1865)是英国数学家、物理学家,生于爱尔兰的都柏林(Dublin),卒于都柏林附近的敦辛克(Dunsink)天文台.

其父亲是都柏林地区一位精明的律师,且身兼商务,因而家境较为富有.由于小哈密尔顿兄弟姐妹众多(共9人,他排行第五),他的叔叔詹姆斯·哈密尔顿终身未娶,且其语言修养很高,故当小哈密尔顿出生不久,便被其叔叔收养.

詹姆斯·哈密尔顿很懂得语言能力培养的教育方法.在他的循序引导下,小哈密尔顿很早便显露出他的语言天赋.3岁能读英文书报;5岁能读拉丁文、希腊文和希伯来文;到8岁又添了意大利文和法文,并能用意大利文给其父亲写信;10岁时

第 4 章

又能读阿拉伯文和梵文;到 14 岁时,共学会了包括孟加拉语、波斯语等在内的 12 种语言. 据说,这一年,"有位波斯大使到都柏林访问,他还写了一篇波斯文的欢迎词"[①]呢! 另外,他也曾对中文产生过兴趣.

哈密尔顿语言才能得到不断发挥,不仅受益于詹姆斯的得力栽培,而且还受惠于其父亲在财力和精神上的支持. 他父亲觉得"大凡把孩子纳入家长设计的轨道效果往往不好,让孩子根据自己的兴趣爱好,去学他想学的东西才是上策"[②].

尽管哈密尔顿有出色的语言才能,但他并没有沿着这个方向走下去,环境的刺激和他强烈的自尊心改变了其思维航向. 在他 15 岁时(另一说 13 岁),美国少年快速心算专家科尔伯恩(Z. Colburn)到都柏林进行了快速计算表演. 他出色而成功的表演大大激发了哈密尔顿钻研数学的欲望,哈密尔顿认为自己在数学方面也有非凡的能力,并不比别人差. 于是,他自学了法国数学家克莱罗(A. C. Clairaut)的《代数基础》、拉梅(G. Lamé)的《高等几何教程》、牛顿(I. Newton)的《自然哲学的数学原理》,以及拉普拉斯(P. S. Laplace,1749—1827)的巨著《天体力学》等经典著作. 他还指出了拉普拉斯的《天体力学》中的一个数学错误,并就

---

① 袁小明编著《世界著名数学家评传》,江苏教育出版社,1990 年版,第 282 页.

② 袁小明编著《世界著名数学家评传》,江苏教育出版社,1990 年版,第 282 页.

此事写了一篇小论文.

1822年,他写了一篇关于焦散曲线的文章,此文在他于1823年进入都柏林的三一学院后被导师看中,1824年被推荐在爱尔兰皇家科学院宣读,但未发表.在导师的建议下,他继续研究这一课题.

1827年,哈密尔顿完成了他的第一篇重要论文《光束理论》,文章由都柏林大学著名的天文学教授布里克推荐给了爱尔兰皇家科学院.他的推荐使得此文不到一年便在《爱尔兰皇家科学院学报》上发表了,也就在这一年,由于布里克的推荐,当哈密尔顿还是一个大学生的时候,便接替布里克的职位成了三一学院的天文教授.按当时的规定,有此职位者也就是爱尔兰皇家科学院的天文学家.同时,他还被任命为敦辛克天文台台长.看来,爱尔兰人不大注重论资排辈.

哈密尔顿不是一个好的天文观察管理者,但他是一个好的教师.由于他具有较好的语言基础,所以他的课往往讲得通俗而又生动,很受欢迎.

从1830年到1832年,他相继发表了"光束理论"的三个补充,从而奠定了几何光学的理论基础(几何光学分析化的开始).由于其工作的性质及价值,雅可比(C. G. J. Jacobi,1804—1851)称哈密尔顿为英国的拉格朗日(J. L. Lagrange).

之后,他的研究领域转向力学,于1834年和1835年发表了两篇力学论文,其中第二篇是更为著名的"论动力学的一个普遍方法",其中引进了作用积分,推广了欧拉(L. Euler)和拉格朗日的一些原理,而更主要的是他提出了著名的"哈密尔顿原理".

1835 年后,他的精力主要投入到建立数的逻辑基础的研究中去了. 1835 年,获得爵位.

1837 年,发表"共轭函数及作为纯粹时间的科学的代数",首次将复数以序偶(a,b)的形式建立在实数的基础上,并曾于 1833 年和 1835 年两次把包含复数的实数对表示的论文提交给爱尔兰皇家科学院. 这一年,他被选为爱尔兰皇家科学院的院长.

1843 年 10 月 16 日,发明四元数.

1843 年 11 月 13 日,他在爱尔兰皇家科学院会议上宣告了这一结果,宣读的论文题目为《关于一种与四元数理论相关的新型虚量》.

以后,他的精力主要贡献给了四元数. 在 1853 年,哈密尔顿发表了他的第一本完整的四元数专著《四元数讲义》.

1865 年 9 月 2 日死于酒精中毒.

1866 年出版二卷本《四元数基础》.

在生活方面,哈密尔顿 23 岁结婚,开始夫妻关系尚好. 自哈密尔顿迷上四元数后,如醉如痴,整天将自己反锁在工作室里,常常以酒充饥,情况便发生了变化. 家人不理解他的事业心,对其生活照顾不周,最后不幸酒精中毒去世.

4.1.2 哈密尔顿的成就

哈密尔顿的成就主要表现在几何光学、力学、变分法及代数学、图论等领域中.

虽然前两者表面看上去不属于数学,但实际上他的工作是数学化的. 他在 1824～1832 年建立的是几何光学的数学理论. 在力学中建立的哈密尔顿原理,主要属变分法领域,它对变分法和常(偏)微分方程组的研究都有重要作用. 对物理的作用亦很突出,正如奥地利现代物理学家薛定谔(E. Schrödinger,1887—1961)所说:"哈密尔顿原理是近代物理的基石".①

在代数学上,他的工作表现在无理数、复数及四元数等几个方面.

他把关于有理数与无理数全体的概念放在时间的基础上,之后他引进了把有理数分成两类的思想,并把这样一个划分用来定义一个无理数(类似于戴德金分割),但他没有具体完成这一工作.

在 1837 年发表于《爱尔兰皇家科学院学报》第 17 期上的一篇文章(《共轭函数及作为纯粹时间的科学的代数》)中,他给出了复数的实数对处理的一个完整、严密的形式,从而将复数的逻辑建立在实数的逻辑上. 他认为,$a+bi$ 不是普通意义上的算术和(不像 $2+3=5$),从本质上讲,它是实数的有序偶 (a,b),其间的加、乘等运算规定如下

$$(a,b) \pm (c,d) = (a \pm c, b \pm d)$$

---

① 袁小明编著《世界著名数学家评传》,江苏教育出版社,1990 年版,第 285 页.

Hamilton – Cayley 定理

$$(a,b) \cdot (c,d) = (ac - bd, ad + bc)$$

$$\frac{(a,b)}{(c,d)} = \left(\frac{ac+bd}{c^2+d^2}, \frac{bc-ad}{c^2+d^2}\right)$$

且规定,$(a,b)=(c,d)$当且仅当$a=c,b=d$. 在这里,他第一次提出并利用了有序偶概念. 尽管高斯(C. F. Gauss)早在 1831 年就有了这一概念,但他没有公开发表.

哈密尔顿对复数的实数对处理,不仅抹掉了$\sqrt{-1}$的神秘性,而且更主要的是,他的这种通过规定有序偶的四则运算来建立复数系的方法还开了公理化研究的先河,既然按上述规定,实数有序偶可定义出复数系,人们自然也可以通过改变运算的定义方式来谋求新的数系. 换言之,他的做法中蕴含着刺激各种代数结构出现的因素和途径,这种因素随着他的四元数的出现而得到了极大的加强.

四元数理论是哈密尔顿对数学的一个主要贡献. 其具体内容是这样的:四元数是形如

$$a + b\boldsymbol{i} + c\boldsymbol{j} + d\boldsymbol{k}$$

的数,其中a,b,c,d是实数;$\boldsymbol{i},\boldsymbol{j},\boldsymbol{k}$是定性的单元,几何上其方向是沿着三根坐标轴($a$被称为数量部分,$b\boldsymbol{i}+c\boldsymbol{j}+d\boldsymbol{k}$被称为向量部分). 四元数的相等、加法及乘法按如下定义进行:

$$a_1 + b_1\boldsymbol{i} + c_1\boldsymbol{j} + d_1\boldsymbol{k} = a_2 + b_2\boldsymbol{i} + c_2\boldsymbol{j} + d_2\boldsymbol{k}$$ 当且仅当 $a_1 = a_2, b_1 = b_2, c_1 = c_2, d_1 = d_2$;

$$(a_1 + b_1\boldsymbol{i} + c_1\boldsymbol{j} + d_1\boldsymbol{k}) + (a_2 + b_2\boldsymbol{i} + c_2\boldsymbol{j} + d_2\boldsymbol{k}) =$$

$(a_1 + a_2) + (b_1 + b_2)\boldsymbol{i} + (c_1 + c_2)\boldsymbol{j} + (d_1 + d_2)\boldsymbol{k}$；

$(a_1 + b_1\boldsymbol{i} + c_1\boldsymbol{j} + d_1\boldsymbol{k})$ 与 $(a_2 + b_2\boldsymbol{i} + c_2\boldsymbol{j} + d_2\boldsymbol{k})$ 相乘时可按分配律相乘，然后借助于 $\boldsymbol{i}^2 = \boldsymbol{j}^2 = \boldsymbol{k}^2 = -1, \boldsymbol{ij} = \boldsymbol{k}, \boldsymbol{ji} = -\boldsymbol{k}, \boldsymbol{jk} = \boldsymbol{i}, \boldsymbol{kj} = -\boldsymbol{i}, \boldsymbol{ki} = \boldsymbol{j}, \boldsymbol{ik} = -\boldsymbol{j}$，这些规定合并同类项，即有 $(a_1 + b_1\boldsymbol{i} + c_1\boldsymbol{j} + d_1\boldsymbol{k}) \cdot (a_2 + b_2\boldsymbol{i} + c_2\boldsymbol{j} + d_2\boldsymbol{k}) = (a_1a_2 - b_1b_2 - c_1c_2 - d_1d_2) + (b_1a_2 + a_1b_2 + c_1d_2 - d_1c_2)\boldsymbol{i} + (c_1a_2 + a_1c_2 + d_1b_2 - b_1d_2)\boldsymbol{j} + (d_1a_2 + a_1d_2 + b_1c_2 - c_1b_2)\boldsymbol{k}$. 哈密尔顿证明了这种乘法是可结合的（这是第一次使用这一术语），但不是可交换的．

他的四元数理论集中体现在其《四元数讲义》（1853）和二卷本的《四元数基础》（1866）中．在前一著作里，他还引进了复四元数，即具有复系数的四元数的概念；"在引进向量 $\boldsymbol{r}$ 的线性向量函数 $\boldsymbol{r}'$ 的概念时，涉及从 x, y 和 z 到 x', y' 和 z' 的一个线性变换．他证明这个变换的矩阵满足它的特征方程，虽然他不想正式用矩阵语言来表达"．① 这一结论的一个一般化便是在线性代数中常见的哈密尔顿－凯莱定理．对于复四元数，他指出，两个非零的复四元数相乘可以为零．用今天的话讲，复四元数系中存在非零的零因子（即乘积定律不成立）．

四元数不具有交换性、复四元数不满足乘积定律，这两点打破了当时人们对数的传统观念，进而导致数

---

① ［美］M. 克莱因著《古今数学思想》（第三册），北大数学系数学史翻译组译，上海科技出版社，1985 年版．

Hamilton – Cayley 定理

学家们觉得可较为自由地考虑甚至更偏离四元数通常性质的创造. 事实正是如此, 之后约翰·格拉维斯(John Graves)于 1843 年 12 月给出了一个八元代数系, 1848 年发表于《爱尔兰科学院学报》21 期上, 此发现的突破在于, 它不满足结合律[①]. 1845 年, 凯莱(A. Cayley)又重新发现了这一数系. 在 1873 年, 克利福德(W. K. Clifford)也给出了一种超复数系. 此后, 大量的、各种超复数系相继出现. 四元数的出现, 极大地激活了人们的思维, 开阔了人们的视野, 促进了古典代数学向抽象代数学(以各种代数结构为研究对象)的转变和发展. 同时, 它为"数学创造具有'自由性'的一面"也提供了典型而有说服力的依据.

哈密尔顿还提出并解决了一些图论问题. 其中典型的一例是在 1857 年, 他提出了一种名为"游览十二面体"的问题, 要求沿着十二面体的棱经过所有的顶点, 且每一顶点仅过一次. 他在同一年的数学会上发表了这一问题的解.

哈密尔顿一生约有 140 余篇作品[②]. 生前被选为爱尔兰皇家科学院院长(1837). 他还是英国皇家学会会员、法国科学院院士和彼得堡科学院通讯院士.

1963 年, 剑桥大学出版社出版了多卷本《哈密尔

---

① B. L. Vander Wearden. A History of Algebra, Springer – Verlag, 1985, 第 183 页.

② [苏]Б. В. 鲍尔加尔斯基著《数学简史》, 潘德松, 沈金钊译, 知识出版社, 1984 年版, 第 212 页.

顿数学文集》(Vol.3 较详细地记载了四元数发明的过程,见参考文献[1]).

4.1.3 哈密尔顿的思维特点

了解一个人的科学成就,仅仅限于知道其具体的研究成果是不够的,还需要清楚导致这些成果出现的思想方法,以及研究方式的思维特点.

1. 四元数的思维特点与思想方法

(1)理论联系实际的思想类比提出问题的方法

哈密尔顿首先是一个物理学家.不过,他的物理学成就有这样一个特点:解决的是物理学问题,运用的却是数学工具,具体的结论又是以数学形式表达.所以,不仅发展了物理理论,而且做出了相当的数学贡献.因此,在未发明四元数以前,他已经是一个数学家了.譬如,早在1827年,布里克在推荐哈密尔顿的《光束理论》时写道:"我不说他将是同龄人中第一流数学家,事实上他已经是同龄人中的第一流数学家"[1]. 哈密尔顿注重用数学方法解决物理问题,注重寻求物理解的数学实质. 也就是说,他具有理论联系实际,并在解决实际问题中发展理论的思想."理论→实践→理论"的模式,哈密尔顿最小作用原理便是这种模式的产物.

在这种思想方法的指导下,哈密尔顿提出了发明四元数的原始问题——发明与复数类似的三元数.

---

① 袁小明编著《世界著名数学家评传》,江苏教育出版社,1990年版,第283页.

Hamilton – Cayley 定理

哈密尔顿在他的一些工作中运用了复数 $a+bi$ 的几何表示,知道用复数可以刻画平面上的一些物理量,例如力.复数具有实用价值,特别是对物理学家而言.但复数也有自身的局限性,它不能刻画三维空间中的一般物理量,例如,不在同一平面上的力,能否突破这种局限,而给出一种与复数类似且适用于三维空间的新数系呢?哈密尔顿开始了类比.

哈密尔顿在其发表的论文中将复数定义成实数有序偶,他是数学界第一个正式给出有序偶概念的数学家.既然(a,b)形式的数可用于二维空间,那么(a,b,c)形式的数或许能适用于三维空间.与复数相比较,三元有序数组(a,b,c)之间的加、减运算是易于给出的

$$(a_1,b_1,c_1) \pm (a_2,b_2,c_2) = (a_1 \pm a_2, b_1 \pm b_2, c_1 \pm c_2)$$

那么,如何定义乘法并且使得与复数的乘法相类似呢?这是起初哈密尔顿向自己明确提出的问题.与复数 $a+bi$ 比较,他将三元组 (a,b,c) 写成 $a+bi+cj$,并把基本单元 $1, i, j$ 看成具有单位长度的空间中两两正交的直线段.后来,他对 $a+bi+cj$ 用了"向量"一词.他企图将乘积

$$(a+bi+cj) \cdot (x+yi+zj)$$

表示成同一空间中的向量,并要求:

第一,可逐项相乘,即

$$(a+bi+cj)(x+yi+zj)$$
$$= [ax + (ay)i + (az)j] +$$
$$[(bi)x + (bi)(yi) + (bi)(zj)] +$$

120

$$[(cj)x + (cj)(yi) + (cj)(zj)]$$

第二,乘积向量的长度等于因子长度的乘积. 他称此要求为"模律",这些要求,复数系是满足的,对三元组来讲,满足这种要求的乘法是否存在呢? 哈密尔顿开始考虑解决这个问题.

(2)特殊化与一般化相结合的方法

特殊化与相继一般化的方法将哈密尔顿引入第四维. 如果三元数系中存在满足模律的乘法,那么自然对特殊的 $a + bi$ 也适用. 受复数的影响,他规定 $ii = -1$,与此对称地,规定 $jj = -1$,由于在四元数以前的数系是满足乘法结合律、交换律的,受这种"传统"的影响,他希望三元数系也应是这样. 在承认结合律和前面的两个要求的前提下,三元数乘法定义的关键便归结到 ij 和 ji 是什么的问题上. 起初,他承认交换律而假设 $ij = ji$,计算得

$$(a + ib + jc)(x + iy + jz)$$
$$= (ax - by - cz) + i(ay + bx) +$$
$$j(ax + cx) + ij(bz + cy)$$

至此,他问,ij 应等于什么才能保证乘积的结果具有 $\alpha + \beta i + \gamma j$ 的形式? (即乘法封闭)哈密尔顿在给约翰·格拉维斯的信(1843 年 10 月 17 日)中写道:"它的平方(即 ij 的平方)似乎应为 1,因为 $i^2 = j^2 = -1$,这诱使我们取 $ij = 1$ 或者 $ij = -1$,但没有一种情况能保

Hamilton – Cayley 定理

证乘积中系数的平方和等于两因子系数平方和的乘积"①.(即模律成立),他计算了一个特殊乘积

$$(a + bi + cj)^2 = a^2 - b^2 - c^2 + 2iab + 2jac + 2ijbc$$

发现

$$(a^2 - b^2 - c^2)^2 + (2ab)^2 + (2ac)^2 = (a^2 + b^2 + c^2)$$

也就是说,在这种特殊情况下($a + ib + jc = x + ig + jz$),如果我们去掉含有 ij 的项,便能使模律成立($a + bi + cj$ 的模的平方为 $a^2 + b^2 + c^2$),即令 $ij = 0$,但哈密尔顿觉得这样做与传统相去甚远(以往数系没有这种现象:$i \neq 0, j \neq 0$,而 $ij = 0$),令人很不舒服,况且使含 ij 的项为 0 的办法非仅此一条. 从逐项展开$(a + ib + jc) \cdot (a + ib + jc)$知道,项 $2ijbc$ 是由 $ij(bc)$ 与 $ji(cb)$ 合并成为$(ij + ji)bc$,再借助于 $ij = ji$ 而得到的. 这样,对任意的 $b, c, (ij + ji)bc = 0$,便可由下述两条路来实现:

(1) $ij = ji$,这时需要 $ij = ji = 0$;

(2) $ij + ji = 0$,即 $ij = -ji$.

哈密尔顿在给格拉维斯的信中写到:"看我,因此而一度尝试幻想 $ij = 0$,但这样做似乎是荒诞而别扭的,而且我发觉,去掉这一项可以通过一个较少苛刻的假设,即 $ji = -ij$ 来实现. 因此我令 $ij = k, ij = -k$,剩下的便是看看 k 是否为 0"②.

---

① B. L. Vander Wearden. A History of Algebra,Springer – Verag,1985,第 180 页.

② B. L. VANDER WEARDEN. A History of Aegebra,Springer – Verag,1985,第 181 页.

第4章 人物篇

从此,哈密尔顿的思维方向开始发生变化:从 $ij = ji$ 转向新量 k 的引入. 当然,这种转变是对特殊情况的具体分析的结果与传统影响共同作用的产物. 特殊化起了重要作用,特殊启示了一般性思想的产生.

k 的引入是否有效?哈密尔顿开始考察较 $(a+ib+jc)(a+ib+jc)$ 稍微一般些的乘积

$$(a+ib+jc)(x+ib+jc)$$
$$=ax-b^2-c^2+i(a+x)b+j(a+x)c$$

计算发现,模律成立. 他将这一结果告诉了格拉维斯,并在信中给出了一种几何解释(用向径的旋转、合成等,见参考文献[1]). 这时,k 的取值状况仍未决定(因此时 k 的系数为零),故 k 取什么值对模律的成立都无影响.

初步一般化讨论的成功,坚定了他的假设 $ij = -ji$,并鼓舞了他的士气. 他曾对自己讲:"然后大胆地试一试两个一般三元组的乘积"①,他计算

$$(a+ib+jc)(x+iy+jz)$$
$$=(ax-by-cz)+i(ay+bx)+j(az+cx)+k(bz-cy)$$

然后让 $k=0$,他问:模律是否成立,即

$$(a^2+b^2+c^2)(x^2+y^2+z^2)$$
$$=(ax-by-cz)^2+(ay+bx)^2+(az+cx)^2$$

是否成立?答案是不成立. 左边比右边多出 $(bz-cy)^2$,而这恰是 k 的系数的平方,因此 k 不能去掉. 只

---

① 《哈密尔顿文集》,Vol.3. P.107(给格拉维斯的信).

Hamilton – Cayley 定理

有把 k 当作一个符号处理时,三元组的乘积才满足模律,也即是说,满足哈密尔顿提出的两个要求的三元组的乘法,在引入第四维(k 的方向)后得到了实现.

在进行了建立在特殊化和二次一般化基础上的逻辑思维后,灵感在哈密尔顿的头脑中出现了:否定最初寻求三元数(满足模律)的想法,转而考察四元数——跳入第四维. 在给格拉维斯的信中,他写道:"至此,我开始觉悟到这样一种想法,在一定意义上,为了三元数组计算的需要,我们必须得承认空间的第四维……

或者,将此悖论转移到代数上,我们必须承认(或运用)第三个不同的想象符号(imaginary symbol) k,它与 i,j 均不同,但却是二者的乘积($k = ij$),而且因此我被诱使引进形如 $a + ib + jc + kd$ 或 (a,b,c,d) 的四元数".①

(3)逻辑思维和灵感思维的结合

逻辑思维和灵感思维的结合,最终导致四元数理论的产生. 哈密尔顿发明四元数,经历了一个长期而艰苦的探索过程. 用他自己的话说:"它已经纠缠我至少 15 年了"②. 之所以时间这么长久,关键在于内、外两次思维的否定性转变(由 $ij = ji \rightarrow ij = -ji$,这是第一次内转变;由 $ij = k$,考察 k 的值的情况→将 k 看作符号,实

---

① B. L. Vander Wearden. A History of Algebra, Springer - Verlag, 1985, 第 181 页.

② [美]M. 克莱因著《古今数学思想》(第Ⅳ册),北大数学系数学史翻译组译,上海科技出版社,1985 年版,第 178 页.

现三元数到四元数的转变,这是第二次外转变——原始问题的变换),难度较大,特别是后者.

前面的分析告诉我们,哈密尔顿引进四元数,是长期逻辑思维后的灵感(直觉)思维的结果. 他抓住了这一灵感,及时地将思维转向了四元数的建立,又开始了以逻辑思维为主的验证、计算工作. 计算发现,建立在

$$i^2 = j^2 = k^2 = -1; ij = k, ji = -k$$
$$jk = j(ij) = j(-ji) = (-j^2)i = i, kj = (ij)j = ij^2 = -i$$
$$ki = (ij)i = (-ji)i = (-j)i^2 = j, ik = i(ij) = (i^2)j = -j$$

基础上的四元数 $a + bi + cj + dk$ 构成的数系按逐项相乘展开方法定义的乘法是满足模律的. 从此,四元数真正地建立了起来.

下面来看一下哈密尔顿关于四元数发明过程的一些自述,以此来具体了解其思维特点.

1865 年,在他逝世前不久,他给他儿子(Archibald)写了一封信. 信中写道:"1843 年 10 月的前半月的每天早晨,当我下楼来吃早饭时,你的兄弟 William Edward 和你经常问我:'爸爸,你能乘三元数组了吗?' 我总是愁苦地摇摇头,谨慎地回答:'不,我只能加或减它们'……但是,在这月的 16 日(情况开始有所转机),这天恰巧是星期一,同时也是爱尔兰皇家科学院开会的一天,我要去出席并且主持这次会议,你的母亲和我一起沿着皇家运河(the Royal Canal)走着……尽管她与我谈这谈那,然而,一股思想的潜流(潜意识)正在我的心中流动,它最终产生了一个结果. 我立即感

Hamilton – Cayley 定理

到了它的重要性,电路似乎接通了,而且(智慧的)火花突然迸发了出来,像我立即预言的那样,多年的艰苦探索导致了明确、直接的思想和工作的出现……

我唯恐失去这转瞬即逝的灵感,立即抽出笔记本——它仍在,记下了当时当地的所思所想. 我无法抗拒当时的激动心情,以至当我们经过 Brougham 桥时,我用小刀将符号 i,j,k 的基本公式

$$i^2 = j^2 = k^2 = ijk = -1$$

刻在了桥的石头上,这一公式包含了问题的解. 当然作为碑文,要朽掉还得需要很长时间."①

也就在其中谈到的笔记本里,在 1843 年 10 月 16 日,他较详细地解释了他的思想过程:"我相信我现在还记得我的思想顺序. 方程 $ij = 0$ 是受

$$(ax - y^2 - z^2)^2 + (a + x)^2(y^2 + z^2)$$
$$= (a^2 + y^2 + z^2)(x^2 + y^2 + z^2)$$

的启示而得出的,然后我试着验证,看

$$(a^2 + b^2 + c^2)(x^2 + y^2 + z^2)$$
$$= (ax - by - cz)^2 + (ay + bx)^2 + (az + cx)^2$$

是否为真. 结果发现,为了保证等式成立,必须在上式右边加上 $(bz - cy)^2$,这迫使(forced)我不能忽略 ij,并且建议 ij 可能等于 k——一个新的想象量(imaginary)"②

――――――

①   B. L. Vander Wearden, A History of Algebra, Springer – Verlag, 1985, 第 179, 182 页.

②   B. L. Vander Wearden, A History of Algebra, Springer – Verlag, 1985, 第 182 页.

这里的表述似乎与给格拉维斯的信（1843年10月17日）中所言不尽一致. 他在给格拉维斯的信中谈到,从对$(a+ib+jc)^2$的考察后便有了$ij=0$的想法,然后又否定它,给出另一假设$ij=-ji=k$,接着对稍一般些的$(a+ib+jc)(x+ib+jc)$（或$(a+iy+jz)(x+iy+jz)$）进行验证,结果假设正确,并说他坚定了$ij=-ji$这一信念.

事实可能是这样,哈密尔顿早就有了$ij=0$的想法,并意识到$ij=-ji$可能更有前途. 由于在$(a+iy+jz)(x+iy+jz)$这一层次上$ij=k$的值没有确定,因此,这时他对$ij=k$的假定还未完全确认,只是到对一般情况$(a+ib+jc)(x+iy+jz)$的分析（模律分析）后,引入符号k的信念才占了绝对上风,从而导致四元数的引入.

从上述哈密尔顿的自述中我们看到,哈密尔顿发明四元数,是逻辑思维与灵感思维相继作用的结果. 长期不懈的逻辑思维（显意识）为灵感思维、顿悟（潜意识的爆发、显化）的出现铺平了道路. 实际上,他的自述本身即描述了两种心智过程（心智经验）. 这具体表现在他对"迫使（forced）"和"建议（suggested）"二词的选择上."第一种经验是强制性的逻辑结论（论断）,它直接来自计算：人们不能让$ij=0$,否则模律将不成立. 第二种经验是顿悟,当他在运河边上漫行时,灵感闪现在它的头脑中,即$ij=k$可被取作一个新的想象单位（imaginary unit）. 哈密尔顿在此对他自己的思想提出了一个深刻的心理学分析."①

总之,哈密尔顿创造发明四元数,是逻辑思维与灵感思维相结合的典型范例.

2. 其他思想方法

(1)严密化思想

哈密尔顿在代数研究中注重逻辑基础的坚实、严密性,注意澄清已往概念的含糊或神秘性. 他将复数刻画为实数有序偶,将复数的逻辑建立在实数逻辑的基础上,便是这一思想的一个具体体现. 当然,与严密化相伴随的就是清晰化的思想,清晰化是追求严密化的一种结果.

(2)移植的思想

他曾将几何光学中的概念,比如光学中特征函数的概念,移植到力学中而有所建树.

(3)注重数学的应用性、预见性

哈密尔顿一开始便是用数学工具去解决光学、力学中的问题的,后来他发明四元数后,后半生大部分的精力致力于四元数的应用,都表明他强调数学的应用. 在数学的预见性方面,他曾做出过一个漂亮的结果,在1837 年发表于爱尔兰皇家科学院学报上的一篇文章(《光束理论》的第三个补篇)中,在数学的意义上,他指出,"在双轴晶体中按某一特殊方向传播的光线

---

①   B. L. Vander Wearden. A History of Algebra, Springer – Verlag. 1985. 第 182 页.

将产生折射光线的圆锥"."这个现象被他的朋友和同事 Humphrey Lloyd 用实验证实了".①

(4)数学研究的内在动力——数学美

哈密尔顿喜欢写诗,他和伟大诗人华兹华斯(W. Wordsworth)是亲密朋友及相互赞赏者.他对数学有一种美的感受,并常将某些数学成就比作诗.比如,"他认为,在他那个时代创造出的几何概念,Poncelet 和 Chasles 的著作中使用的无限元素和虚元素都和诗类似".他在评价拉格朗日的《分析力学》时说,这是"一首科学的诗"(a kind of slientific poem)②.

"虽然他是一个谦虚的人,但他承认甚至强调,喜爱名望会推动和振奋大数学家"③.

到晚年,他被四元数深深吸引,这有两方面的原因:第一,他被四元数的奇异美(与传统数学相悖;它不满足交换律)所震撼;第二,他认为这个创造和微积分同等重要,将会是数学物理中的关键工具.

哈密尔顿认为,对推动数学家的工作来讲,美感和

---

① [美]M.克莱因著《古今数学思想》(第三册),北大数学系数学史翻译组译,上海科技出版社,1985 年版,第 176-177 页.

② [美]M.克莱因著《古今数学思想》(第三册),北大数学系数学史翻译组译,上海科技出版社,1985 年版,第 176-177 页.

③ Dovid M. Burton,The History of Mathematics. Allyn and Bacon,Inc. 1985,第 507 页.

名望都是必要的,前者是内在动力,后者是外在动力.

4.1.4 哈密尔顿成功的条件

1. 对人才的成长来讲,伯乐至关重要

若没有詹姆斯的得力培育和布里克的推荐,哈密尔顿的成功是难以想象的. 正是这些甘为人梯的人,将他推向了成功之路.

2. 要善于变换研究领域

当在一个领域工作到一定程度后,要适当改变方向,这有利于取得丰硕的成果. 哈密尔顿起初从语言转到光学,再到力学,然后到代数(主要是四元数代数),取得了可喜成就,便是证明. 不过,哈密尔顿自发明四元数后的 22 年间再没有转换领域,这可能是个失误. 不然,他可能会有更大的成就.

3. 要善于抓住灵感

灵感利于你的创造. 哈密尔顿发明四元数便是一个典型例证.

4. 丰富的想象力是创造的必要条件

强烈的创新意识,既善于继承又勇于突破传统的理论观念,丰富的想象力,这都是完成发明创造所必不可少的条件. 哈密尔顿正是由于具有这些条件,他才能够果断地"跳入第四维",才能够"承认第三个不同的想象符号",最终发明了四元数.

4.2 律师数学家——凯莱

凯莱的父亲亨利·凯莱（Henry Cayley）是一位在俄国圣·彼得堡从事贸易的英国商人，其母玛丽亚·安东妮娅·道蒂（Maria Antonia Doughty）据说有俄罗斯血统. 在父母的一次回英国短期探亲期间，凯莱降生在英国，他是父母的第二个孩子. 不久，凯莱随父母到了俄罗斯. 凯莱主要在俄国度过童年.

1829 年，凯莱的父亲退休，于是全家回英国定居. 凯莱被送到伦敦布里克里什一所小规模的私立学校念书，在学校里，他充分显示了数学天才，尤其是在数值计算方面有惊人的技巧. 14 岁时，父亲将他送到伦敦国王学院学习，国王学院的教师们十分欣赏凯莱的数学才能，并鼓励他发展数学能力. 开始时父亲从商人的眼光出发强烈反对他将来成为一名数学家，但父亲最终被校长说服了，同意他学习数学. 17 岁那年，凯莱进入著名的剑桥大学三一学院就读，他在数学上的成绩远远超出其他人. 他是作为自费生进入剑桥大学的，1840 年成了一位奖学金获得者. 1842 年，21 岁的凯莱以剑桥大学数学荣誉学位考试一等的身份毕业，并获得了更困难的史密斯奖金考试的第一名.

1842 年 10 月，凯莱被选为三一学院的研究员和助教，在他那个时代乃至整个 19 世纪，他是获得这种殊荣的人中最年轻的一位. 为期三年，其职责是教为数不多的学生,工作很轻松,于是他在这一时期的大部分时间内从事自己感兴趣的研究,他广泛阅读 C. F. 高斯,J. L. 拉格朗日等数学大师的著作,并开始进行有创造性的数学工作. 三年后,由于剑桥大学要求他出任圣职,于是他离开剑桥大学进入了法律界.

按照成为一名高级律师的要求,凯莱必须专门攻读法学课程,于是他进了英国林肯法律学院,1849 年取得律师资格. 值得注意的是,在 19 世纪,英国许多一流的大法官、大律师都是像凯莱这样的剑桥大学数学荣誉学位考试一等合格者.

凯莱取得律师资格后,从事律师职业长达 14 年之久,主要处理与财产转让有关的法律事务. 作为一位名声与日俱增的大律师,他过着富裕的生活,并且为从事自己喜爱的研究积攒了足够的钱. 然而,在这段作为大律师的时间里,他挤出了许多时间从事数学研究,发表了近 300 篇数学论文,其中许多工作现在看来仍然是一流的和具有开创性的.

正是在担任律师的时期,凯莱与著名的美国数学事业创始人之一 J. J. 西尔维斯特(Sylvester)开始了长期的友谊与合作. 西尔维斯特从 1846 年起由数学界进入法律界,1850 年取得律师资格,于是,两人作为法律界的数学家结识而走到了一起. 1851 年,两人开始用书面形式表达对对方给予自己在数学方面的帮助的感激之情. 在 1851 年出版的一篇论文中,西尔维斯特写道:"上面阐明的公理部分是在同凯莱先生的一次谈话中提出的……我感激他使我恢复了享受数学生活的乐趣."1852 年,西尔维斯特提到凯莱"惯常讲的话都恰如珍珠宝石."凯莱与西尔维斯特被认为共同创立了不变量的代数理论. E. T. 贝尔(Bell)称他们是"不变量的孪生兄弟".

凯莱时刻准备放弃律师职业,从事他所喜爱的数学研究事业. 机会终于来了,1863 年,剑桥大学新设立了一个萨德勒(Sadler)纯粹数学教授席位,由于出色的数学工作,凯莱被任命为首位萨德勒数学教授,他担任这一教习直至去世. 虽然作为数学教授的收入远比作为一名大律师少,但他却感到十分高兴. 他将全部精力投入到数学研究与数学之中,高质量、高产地奉献出一个又一个重要的数学成果.

在剑桥大学,凯莱还被委任大学行政工作,他的办事经验和风格,不受个人情感影响的判断力,特别是他的法律知识、在法律界的声誉与其行政管理能力相结合,使他对剑桥大学的管理与发展做出了重要贡献. 由于他的不懈努力,创建于中世纪的剑桥大学终于允许妇女注册入学了.

1881 年~1882 年,凯莱应西尔维斯特之邀前往美国霍普金斯大学进行为期半年的讲学. 1855 年,西尔维斯特离开法律界开始任数学教授,并于 1876 年受邀到霍普金斯大学担任数学教授,1878 年创办《美国数学杂志》(American Journal of Mathematics). 凯莱又与西尔维斯特在一起从事了一段时间的数学研究工作.

1883 年,凯莱被任命为英国科学促进协会主席,为英国科学的持续发展、科学普及做出了重要贡献.

由于杰出的学术成就,凯莱获得了大量的学术荣誉,其中包括 1859 年当选为皇家学会会员,获得英国皇家学会的皇室勋章,1881 年获得英国皇家学会的柯普雷勋章. 今天,剑桥大学三一学院安放着一尊凯莱的半身塑像.

凯莱仅出版了一部专著《椭圆函数论》(*Treatise on elliptic functions*,1876),然而他却发表了涉及众多数学分支、影响十分深远的数学学术论文达 966 篇,1889 ~ 1898 年编辑出版的《凯莱数学论文集》(*The collected mathematical papers of arthur cayley*)排满整整四开本 13 大卷,每卷多达 600 余页!

在成为剑桥大学数学教授的同时,1863 年 9 月,凯莱与格林威治的苏珊·莫兰(Susan Moline)结婚,生有一儿一女,婚姻与家庭幸福美满. 他一生所经历的一切,无论是事业还是家庭、爱情,无论是作为数学家,还是作为律师和行政官员,都是令人羡慕的.

凯莱在数学上最早、最重要的工作之一,是创立不变量理论.

受拉格朗日、高斯尤其是 G. 布尔(Boole)有关二次型论文的启发,凯莱在 1843 年 22 岁时即开始计算 n 次型的不变量,即在变换下 n 次型具有哪些不变量——哪些量经变换后只相差某个因子.

1845 年,凯莱发表《线性变换理论》(*On the theory*

of linear transformation)一文,探讨求不变量的方式. 开始,他称不变量为"导出数"(derivative),即"从一个给定的函数按任意方式(即变换)导出的一个函数",后来他又称不变量为"超级行列式"(hyper determinants). 他在这些文章中给出了如何求 n 次齐次函数的不变量的计算方式.

1846 年,凯莱发表《论线性变换》(*On linear transformation*)一文,引入了"协变量"(covariance)的概念.

这两篇文章奠定了凯莱作为不变量创立者的地位. 无论是布尔、F. M. G. 艾森斯坦(Eisenstein)或拉格朗日、高斯都没有明确表述出不变量的概念,他们(主要指布尔)都没有找出求不变量的一般方法. 凯莱是第一位表述在一般意义上的代数不变量问题的数学家,他是第一个深入研究求不变量的一般方法的人,发明了一种处理不变量的符号方法,并且得到了一系列重要结果.

从 1854 年开始,凯莱连续发表了一系列共 10 篇论代数形式的学术论文,"代数形式"(quantics)是他用来指称 2 个、3 个或多个变量的齐次多项式的名词,最后一篇这方面的论文发表于 1878 年,这一组论文中得到了一系列漂亮、简捷、富有启发性的关于不变量的结果. 如对于二元四次型

$$f = ax_1^4 + 4bx_1^3 x_2 + 6cx_1^2 x_2^2 + 4dx_1 x_2^3 + ex_2^4$$

凯莱经过精细的计算,证明了 f 的赫塞(Hesse)行列式

Hamilton – Cayley 定理

$$H = \begin{vmatrix} \dfrac{\partial^2 f}{\partial x_1^2} & \dfrac{\partial^2 f}{\partial x_1 \partial x_2} \\ \dfrac{\partial^2 f}{\partial x_1 \partial x_2} & \dfrac{\partial^2 f}{\partial x_2^2} \end{vmatrix}$$

及 f 与 H 的雅可比行列式

$$J = \begin{vmatrix} \dfrac{\partial f}{\partial x_1} & \dfrac{\partial f}{\partial x_2} \\ \dfrac{\partial H}{\partial x_1} & \dfrac{\partial H}{\partial x_2} \end{vmatrix}$$

都是 f 的协变量,并且证明

$$g_2 = ae - 4bd + 3c^2$$

$$g_3 = \begin{vmatrix} a & b & c \\ b & c & d \\ c & d & e \end{vmatrix}$$

是 f 的不变量.

凯莱还深入研究了不变量的完备系问题,他证明了,艾森斯坦所求得的二元三次式,他本人求得的二元四次式的不变量与协变量,分别是两种情况下的完备系.凯莱在不变量理论奠基性的创造工作中,还涉及了众多其他数学分支重要而基本的问题.

受凯莱的影响,西尔维斯特在不定量理论的创立过程中也做了许多杰出而基本的工作,"不变量"(invariant)这个术语就是西尔维斯特引进的.凯莱对不变量理论倾注了极大的热情与精力,他的工作开创了 19 世纪下半叶研究不变量理论的高潮. P. 戈丹(Gordan)大半生致力于研究不变量,给出了如何计算完备系等重要方法,被称为"不变量之王". 1885年,D. 希尔伯特(Hilbert)完成不变量方面的博士论文,以后又在不变量理论方面做了划时代的工作. 戈丹的学生,20世纪最重要的女数学家 E. 诺特(Noether)在1907年即以《三元双二次型的不变量完备系》(*On complete systems of invariants for ternary biquadratic forms*)为其博士论文,并以此为出发点,进行了一系列卓有成效的工作. 更重要的是,在19世纪70~90年代,数学家们利用不变量理论统一了数学中的许多领域. 凯莱开创的这一数学理论显示出了异乎寻常的意义.

矩阵论是凯莱的另一项重要数学工作,他被认为是矩阵论的创立者. 他曾指出,从逻辑上来说,矩阵的概念应先于行列式的概念,但在历史上却正好相反,他第一个将矩阵作为一个独立的数学概念、对象而讨论,并且首先发表了一系列讨论矩阵的文章,因此他作为矩阵代数的创立者是当之无愧的. 他曾指出:"我决然不是通过四元数而获得矩阵概念的;它或是直接从行列式的概念而来,或是作为一个表达方程组

$$x' = ax + by$$
$$y' = cx + dy$$

的方便的方法而来的."可见,凯莱是在研究线性变换下不变量时开始研究矩阵论的,并引进矩阵 $\begin{pmatrix} a & b \\ c & d \end{pmatrix}$ 以简化记号.

在1858年的第一篇矩阵文章"矩阵论的研究报

Hamilton – Cayley 定理

告"(A memoir on the theory of matrices)中,凯莱引进了矩阵的基本概念和运算.给出了零矩阵、单位矩阵的定义.两个矩阵的和的矩阵定义为,其元素是两个相加矩阵的对应元素之和,他注意到,上述定义不仅适用于 $n \times n$ 矩阵,而且可用于任意的 $m \times n$ 矩阵,他指出,矩阵加法满足结合律和交换律.对于一个数 m,凯莱定义 mA 为这样的矩阵,其每一个元素都是 A 的对应元素的 m 倍.

凯莱给出了矩阵乘法的定义,并着重强调,矩阵乘法是可结合的,但一般不满足交换律.他还给出了求矩阵的逆矩阵(如果有的话)的一般方法.

在矩阵论研究中,凯莱给出了矩阵代数一系列重要而基本的性质,如有关转置矩阵、对称矩阵、斜对称矩阵的定义与性质.

凯莱引入了方阵($n \times n$ 矩阵)的特征方程的概念.对于矩阵 M,I 是单位矩阵,M 的特征方程是(定义为)

$$|M - xI| = 0$$

此处 $|M - xI|$ 是矩阵 $M - xI$ 的行列式,特征方程展开为

$$x^n - A_0 x^{n-1} + \cdots + (-1)^n |M| = 0$$

该方程的根是矩阵的特征值(或特征根).1858 年,凯莱发表文章指出,在上述方程中用 M 代替 x,则得到一个零矩阵,于是,他给出了现在称为任意方阵的哈密尔顿 – 凯莱定理.

值得指出的是，1841 年凯莱已经引入两条竖线作为行列式符号，如 $\begin{vmatrix} a_{11} & a_{12} & \cdots & a_{1n} \\ a_{21} & a_{22} & \cdots & a_{2n} \\ \vdots & \vdots & & \vdots \\ a_{n1} & a_{n2} & \cdots & a_{nn} \end{vmatrix}$ 表示行列式，后为世人采用.

随后，矩阵代数在 19 世纪沿着两个方向发展，一个是凯莱与西尔维斯特所擅长的抽象代数结构，另一个则是被用于几何学上.

凯莱将矩阵论与超复数等线性结合代数联系起来考虑. 的确，四元数是他关注的一个重要方面，因为四元数提供了一个不具有乘法交换性的代数，这使得他在考虑矩阵乘法时有了先例. 当然，如他所宣称的那样，他的矩阵概念不是通过四元数而获得的. 但是，他本人的确对四元数以及由此而产生的超复数系研究十分感兴趣. 在 1843 年 W. R. 哈密尔顿宣告四元数的发明之后，凯莱在 1847 年给出了实四元数的一个八单元的推广，这种八单元(可以看作八元数的特例)的单元是 $1, e_1, e_2, \cdots, e_7$，具有如下性质

$$e_i^2 = -1, e_i e_j = -e_j e_i, i, j = 1, 2, \cdots, 7, \text{且 } i \neq j$$

$$e_1 e_2 = e_3, e_1 e_4 = e_5, e_1 e_6 = e_7$$

$$e_2 e_5 = e_7, e_2 e_4 = -e_6, e_3 e_4 = e_7, e_3 e_5 = e_6$$

对三足标的每一个集合循环地进行排列，从上述后 7 个方程可得到 14 个方程，如 $e_2 e_3 = e_1, e_3 e_1 = e_2$. 这种八单元(八元数)也不具有乘法交换律. 此外，凯莱还给

出了超复数代数. 1858 年,他提出了将超复数当作矩阵看待的思想,为研究超复数代数提供了新的工具.

　　研究线性变换下的代数不变量不仅使凯莱创立了矩阵论,而且还使他在几何研究方面做出了杰出贡献. 他以代数观点研究几何在 19 世纪上半叶独树一帜. 在研究不变量问题时,他对代数形式(齐次多项式型)的几何解释很感兴趣,如 f 的一个协变量代表某一图形,它不仅相关于 f 而且射影相关于 f. 为了要证明度量概念能够用射影语言来表达,凯莱致力于欧氏几何与射影几何关系的研究. 在这方面,他的最好的工作是 10 篇论代数形式系列论文中的"关于代数形式的第 6 篇论文"(Sixth memoir upon quantics,1859). 在这篇文章中,他给出了一种关于图形度量性质的新意义. 对于二维情形,用任一二次曲线代替虚圆点,在三维时他则引入二次曲面,并将这些图形称为绝对形. 于是他断言,图形所有的度量性质,是加上了绝对形或者关于绝对形的射影性质.

　　凯莱从平面上的点可以用齐次坐标表示的事实出发,定义距离与角度. 首先,他引入二次型

$$F(x,x) = \sum_{i,j=1}^{3} a_{ij}x_ix_j, a_{ij}=a_{ji} \quad (i,j=1,2,3)$$

与双线性型

$$F(x,y) = \sum_{i,j=1}^{3} a_{ij}x_ix_j$$

方程 $F(x,x)=0$ 定义为一条二次曲线,即上述凯莱的绝对形. 绝对形的线坐标方程则为

第4章 人物篇

$$G(u,u) = \sum_{i,j=1}^{3} A^{ij} u_i u_j = 0$$

其中 A^{ij} 是 F 的系数行列式中 a_{ij} 的余因子.

然后,凯莱定义两点 $x=(x_1,x_2,x_3)$,$y=(y_1,y_2,y_3)$ 间的距离

$$\delta = \arccos \frac{F(x,y)}{[F(x,x)F(y,y)]^{\frac{1}{2}}}$$

定义线坐标为 $u=(u_1,u_2,u_3)$,$v=(v_1,v_2,v_3)$ 的两直线的夹角 ϕ 为

$$\cos\phi = \frac{G(u,v)}{[G(u,u)G(v,v)]^{\frac{1}{2}}}$$

取绝对形二次曲线为无穷远圆点 $(1,i,0)$ 及 $(1,-i,0)$,凯莱证明,上述关于距离与角度的公式可化成普通的欧氏几何中相应的公式. 在上述定义中,长度和角度的表达式中包含绝对形的代数表达式.

凯莱指出,任一欧氏几何度量性质的解析表达式包含着该性质与绝对形的关系式,度量性质不是图形本身的性质,而是图形相关于绝对形的性质,因此一般的射影关系决定度量性质,也就是说,射影关系更为重要,度量几何只不过是射影几何的一部分,是其特例. 他的这种思想,深深地影响了德国的 F. 克莱因 (Klein),克莱因认识到,利用凯莱的上述观点,有可能把非欧几何、双重几何、椭圆几何(二重)都包括在射影几何中. 沿着这一研究方向,克莱因成功地在1872年完成了对当时各种几何学分支的统一工作.

考虑用代数方法研究几何问题,实际上也是凯莱

试图弄清楚当时新出现的非欧几何与其他几何关系的重要方面,他非常渴望能将非欧几何、仿射几何、欧氏几何在某种形式下统一起来,尤其是希望能在欧氏几何中实现非欧几何.他在非欧几何的研究方面做了不少工作,可是他只对欧氏几何的实在性深信不疑,他只接受那种能用新的距离公式在欧氏空间实现的非欧几何.他在 1883 年就任英国科学促进会主席的致词中,关于非欧几何的观点占了很大的篇幅,他说非欧空间是一个先验性的错误思想,非欧几何只不过是在欧氏几何中引进新的距离函数后所得到的新奇结果,认为"欧氏空间长期以来一直被当作是我们经验的物理空间,所以几何学的命题不仅仅近似地是真实的,而且还是绝对真实的."因此,他不承认非欧几何的独立存在性,认为它们只不过是一类特殊的欧氏几何结构或者是欧氏几何中表示射影关系的一种方式.因而他关于几何学各分支统一的观点是"射影几何是所有的几何,反之亦然."这在 19 世纪下半叶是非常具有创见的,尽管他没有承认非欧几何与欧氏几何一样基本,一样具有实用性和实在性.

在一定程度上,凯莱可以说是 n 维几何(高维几何)、高维抽象空间的创始人之一.他通过将 $n \times m$ 矩阵方面的工作类比于几何中的概念,从而实现了高维空间的解释.另一方面,他在几何研究中也应用了高维空间的思想.

历史上,拉格朗日、J. R. 达朗贝尔(d'Alembert)、

A. F. 麦比乌斯(Möbius)等都曾考虑过 n 维空间问题,但都未作深入探讨. 一般认为, H. G. 格拉斯曼(Grassmann)在 1844 年建立了完全一般的 n 维几何概念,因而被认为是高维几何的奠基人.

实际上,与格拉斯曼完全独立,凯莱也进行了用分析方法研究 n 维几何的工作. 1843 年,凯莱在考虑行列式的性质时,提出行列式各行($n \times n$ 行列式)形成 n 维空间的坐标. 1843 年,他写成了《n 维解析几何的几章》(*Chapters in the analytical geometry of n-dimensions*),于 1845 年发表在《剑桥数学杂志》(*Cambridge Mathematical Journal*)上. 他认为,研究 n 维几何"无需求助于任何形而上学的解释."在这篇文章中,他给出了关于 n 个变量的分析结果,表明他已完全抓住了 n 维几何的概念. 这篇文章虽然标题是关于 n 维解析几何的,但主要内容却是关于任意多个变量的齐次线性方程组的非零解的问题,可见,他是通过分析、代数方法而引入了 n 维空间.

1846 年,在阐述一些特殊的综合几何定理时,凯莱已经利用了四维空间. 不仅如此,凯莱还为高维空间几何引进了一系列术语. 他曾使用"超行列式"来表示不变量,又曾引入"超椭圆 θ 函数"(hyperelliptic theta functions). 在 1870 年的《关于抽象几何的学术论文》(*Memoir on abstract geometry*)中,他引入了"超空间"(hyperspace)、"超几何"(hypergeometry). 他还考虑过由一组关于超二次曲面共轭的线性方程所确定的

Hamilton – Cayley 定理

$(m-n)$ 维空间中的点,其每一点的坐标满足某个由行列式确定的方程,其中这个行列式涉及超二次曲面的偏微分方程的系数. 1860 年,他还推导出了六元齐次坐标系统. 可见,他不仅引入了 n 维空间的概念,还对高维空间进行了深入研究.

在高次曲线、曲面的研究方面,凯莱得到了一系列重要结果,如他 1843 年得到的"凯莱相交定理"(Cayley's intersection theorem)、关于高次曲线相交的"凯莱－巴赫拉切定理"(Cayley-Bacharach theorem). 1866 年,在"论平面曲线的高度奇异性"(On the higher singularities of a plane Curve)一文中,他发现了大量重要的定理,其中涉及尖点(cusp)、二重切线、拐切线、结点的大量性质. 他还仔细考查了十七八世纪 I. 牛顿、J. 斯特林(Stirling)、G. 克莱姆(Cramer)所讨论的三次曲线的性质,以及 19 世纪 J. 普吕克(Plücker)的三次曲线理论,他系统地给出两个不同的三次曲线研究纲领的关系. 他在 1849 年发现,每个三次曲面上恰好存在 27 条直线(每一条直线代表一类),其中包括某些虚直线;在一条非奇异的四次平面曲线上,恰好存在 28 条双切线. 这些重要工作,为后来几何学的研究提供了重要线索,不少工作为后来的数学家所发展,如"凯莱－塞蒙定理"(Cayley-Salmon theorem)等.

在曲面的代数几何中,凯莱不仅由于其不变量理论的创造奠定了直至今天的发展方向,他还在 1869 年和 1871 年的论文中研究了曲面的算术亏格等问题,得到了一些比较重要的结果.

凯莱在 19 世纪下半叶群论的发展中起了十分重要的作用. 在群论的创造者 E. 伽罗瓦(Galois)及当时相当多的数学家的群论研究中,置换群居于中心地位,甚至有不少人认为群论就是研究置换群. 第一个改变这种状况的是凯莱,他首先认识到,置换群的概念可以推广. 在 1849 年发表的《关于置换群的注记》(*Note on the theory of permutations*)中,他引进了抽象群的概念,以后在 1854,1859 年发表的两篇文章中更进一步讨论了这一问题. 他将一个一般的算子符号 θ 作用于一组元素 $x,y,z,\cdots$,这样作用的 θ 产生关于 $x,y,z,\cdots$ 的一个函数 $x',y',z',\cdots$。凯莱指出,θ 可以是一个置换,也可以是其他的运算. 抽象群包含许多算子,如 $\theta,\phi,\cdots$,$\theta\phi$ 是两个算子的复合作用(乘积),复合是可结合的,但不一定是可交换的,即 $\theta\phi$ 的复合结果不一定等于 $\phi\theta$ 的复合结果. 他指出,在抽象群理论中,群的元素的特性并不重要,一个群是完全确定的,如果它的所有元素的可能的乘积是已知的或可确定的. 用凯莱自己的话来说就是:"一个符号(算子符号)的集合,$1,\alpha,\beta,\cdots$ 它们全不相同. 如果它们中任意两个的乘积(不考虑其次序),或者任一符号的自乘结果,仍然属于这个集合,那么就说它组成一个群." 由此出发,他在论文《关于群论》(On the theory of groups, as depending on the symbolic equation $\theta^n=1$,1854 年,1858 年分两次发表)中,第一次以乘法群的形式列出了一个群的元素. 他举

Hamilton – Cayley 定理

出矩阵在乘法下,四元数在加法下构成群的实例,来阐述抽象群(不同于置换群). 但凯莱对抽象群概念的引进在 18 世纪 50 年代没有引起人们的注意,可见他的理论的确是超越时代的. 他发展的矩阵论,他关注的四元数当时也是新的数学内容,而他已将这些数学成就用来作为创造新数学理论的素材.

凯莱继续研究群论,并在《大英百科全书》(*English cyclopaedia*)中按他的抽象群概念撰写"群论"词条. 1878 年,他又连续发表了四篇有关抽象群的论文,继续强调一个群可以看作一个普遍的概念,而不必局限于置换群,他指出虽然每个有限群可以表示成一个置换群,但抽象群更为重要. 在 1878 年,凯莱还研究了找出具有给定阶的群的全体的问题. 这些文章发表后,很快在数学界引起了反响,数学家已接受了他的观念,并进行了大量卓有成效的工作.

由于凯莱的数学成果十分丰富,所撰写的论文数量多且涉及面广,又有相当高的水平,因此在数学中的众多领域都有以凯莱命名的定理、公式. 他曾研究微分方程的奇解问题,并在 1872 年将完整的奇解理论发展成了现代的形式. 在 1886 年,他撰写了关于线性微分算子理论的文章,在多篇论文中讨论了与此相关的问题. 凯莱在组合拓扑学方面也进行了一些工作,尤其是在有关地图问题的研究方面. 1879 年,他发表了研究"四色问题"(four-colormap problem)的论文,这是关于四色问题的第一篇研究论文,近一百多年来,这一问题引起了数学家们广泛的研究. 他对椭圆函数理论等也做出了特殊贡献.

凯莱写了一系列研究天文学的论文,关于月球和行星理论中的摄动函数是其研究重点. 与英国天文学家 J. C. 亚当斯(Adams)完全独立,凯莱研究了地球运动轨道偏心率的变化,得到了月亮平均运动的特征加速度. 不仅如此,他还给出了一种新的、更加简单的解决这些问题的方法,其中引入了偏心率的变差. 对于亚当斯计算出的月亮平均运动的特征加速度的新值,凯莱经过另外一种独立的方法给予了证明. 相对来说,他在天文学方面的工作对当时的天文学家没有产生太大的影响.

凯莱富有深远意义的创造性的数学成就,不仅对数学发展产生了深远影响,而且为物理学的研究准备了必不可少的工具,这种对物理学的影响甚至是超越时代的. 凯莱开创的不变量理论,不仅在数学中成为重要而基本的内容,而且在 20 世纪通过微分不变量对物理学的研究产生了直接的影响. 他创造的矩阵论,给出了矩阵乘法的特殊规则以及不满足交换律的特征. P. G. 泰特(Tait)评价矩阵论的创造是"凯莱正在为未来的一代物理学家锻造武器."的确,在凯莱矩阵论的创造性工作六七十年后,1925 年,W. 海森堡(Heisenberg)发现,矩阵代数正是量子力学中必不可少的重要工具. 著名的物理学家 J. C. 麦克斯韦(Maxwell)这样评价凯莱:"他的精神扩展了普通空间,在 n

维空间中繁荣昌盛."

作为一位 19 世纪受人尊敬的学者,凯莱有着许多优秀的品质.他性情温和,判断冷静沉着,总是与人为善,他那律师的气质使他能面对任何武断而心平气和地处理各种事宜.对于年轻人和初学者,他总是给予帮助、鼓励和正确的忠告.他一生对无数的学者给予了无私的帮助,他们中有西尔维斯特、泰特、塞蒙、F. 高尔顿(Galton)(优生学创始人)等著名学者.他为某些学者的著作撰写整章的内容而不留名,泰特的名著《四元数》(*Quaternions*)的第六章就是凯莱写给他的信件. 1885 年,功成名就的西尔维斯特在他于 71 岁高龄就任牛津大学数学教授的演讲中,衷心地赞扬道:"凯莱,虽然比我年轻,却是我精神上的前辈——他第一个打开了我的双眼,清除了我眼里的杂质,从而使它们能看见并接受我们普通数学中更高深的奥秘."

热爱生活,享受生活,是凯莱这位数学家与众多数学大师不一样的方面之一. 他广泛地阅读过许多罗曼蒂克式的文学作品,爱好旅游和领略大自然的美景,徒步旅行使他周游了大半个欧洲与美国. 他终生都喜欢创作水彩画,并显示出了一定的天才本领,他对建筑和建筑绘画也颇有研究. 对大自然、对生活的美的享受,决定了他的数学观,他对数学所做的下述描述反映了他那富有情趣的生活的影响:"很难给现代数学的广阔范围一个明确的概念."范围"这个词不确切. 我的意思是指充满了美妙的细节的范围——不是一个像一马平川的平原那样单调乏味的范围,而是像一个从远处突然看到的辽阔美丽的乡村,它能经得起人们在其中漫步,详细研究一切山坡、峡谷、小溪、岩石、树木和花草.但是,正如对一切事物一样,对一个数学理论也如此——美,只能意会不可言传."

从 1841 年 20 岁开始发表第一篇数学论文,凯莱不停地进行创造性的研究,直至去世的那一周,长期患病的痛苦也不能使他停止.接替凯莱担任剑桥大学萨德勒数学教授的 A. R. 福沃西斯(Forsyth)写到,凯莱"不仅仅是一位数学家.他怀着唯一的目标……直到生命的最后一刻,始终坚持他一生为之奋斗的崇高的理想.他的一生对于那些认识他的人有着重大的影响:他们钦佩他的品格,犹如他们敬重他的天才.在他去世时,他们感到,一个伟大的人从这个世界上消失了."

凯莱论矩阵 (发表在《伦敦皇家学会哲学学报》(*Philosophical Transactions of the Royal Society of London*)上,1858,17 – 37.)

"矩阵这个术语可以再更广泛的意义之下使用,但是在本文中,我只考虑正方矩阵和长方矩阵,如果用矩阵这词而不加形容词时,我们就理解为方阵;在这个较窄的意义下,一些排成正方形的形状的量…."

我们将会看到,矩阵(只考虑具有相同阶的)就象单独一个量那样出现;它们可以相加、相乘或者复合在一起等等.矩阵的加法规律与通常代数量的加法规律完全相似,至于矩阵的乘法(或者合成),倒是具有一

Hamilton – Cayley 定理

般来说不可逆的特点;然而,能够构成一个矩阵的幂(正的或负的,整数的或分数的)……我得到了一个重要定理:任何矩阵都适合一个代数方程,它的次数等于矩阵的阶数,最高次幂的系数等于1,其他次幂的系数都是矩阵元素的函数,最后的系数事实上就是行列式…."

凯利说的"不可逆",意思是指矩阵的乘法一般来说不可交换. 在最后一段中,凯利所讲的是现在著名的哈密顿–凯利定理,它可以阐述如下:假设 $A = (a_{ii})$ 是 $n \times n$ 矩阵,它的元素属于一个具有幺元的交换环 R,又设

$$D(x) = \det(a_{jk} - x\delta_{jk})$$
$$= (-x)^n + (a_{11} + a_{22} + \cdots + a_{nn})(-x)^{n-1} + \cdots + \det(a_{jk})$$

为其特征多项式,那么在矩阵元素属于 R 的 $n \times n$ 矩阵环中,$D(A) = 0$. 这个惊人的结果是容易证明的,但是比起矩阵所得到的那么广泛的应用来,他还不是十分重要的.

第 5 章 进一步的讨论

5.1 哈密尔顿－凯莱定理的一个逆定理[①]

哈密尔顿－凯莱定理是说,任意 $n \times n$ 矩阵 A 满足其特征多项式 $\det(\lambda I - A)$. 本文处理的问题是,描述出使哈密尔顿－凯莱定理成立的多项式的特征. 简略地说我们的结果是:一个方阵所满足的多项式正是它的特征多项式(在多项式环)的某个倍数.

为准确叙述定理,要给出一些必要的记号. 若 X 表示不定元(x_{ij})的 $n \times n$ 矩阵, 显然 $\det X$ 是个 n^2 个变元的 $n \times n$ 矩阵. 又若 $F(x_{ij})$ 为系数在具单位元的交换环 R 中的 n^2 个变元的多项式并以 $F(X)$ 表之.

---

① Carmen Chicone, N. J. Kalton, Ira J. Papick. 原题:A Converse for 哈密尔顿－凯莱 Theorem, 译自:*The Amer. Math. Monthly*,92(1985),134-136.

Hamilton – Cayley 定理

则上述问题可重新叙述为:对于分量在 R 中的任意 $n\times n$ 矩阵 A,描述出多项式 $F(X)$,使 A 满足 $F(\lambda I - A)$ 的特征. 我们称这样的多项式 $F(X)$ 为哈密尔顿 – 凯莱多项式,现在可以来严格地叙述哈密尔顿 – 凯莱定理的逆定理了.

定理 1 设 R 为一无限(可交换)整环,$F(X)$ 为系数在 R 中的 n^2 个变量的多项式. 则 $F(X)$ 是哈密尔顿 – 凯莱多项式当且仅当 $F(X) = \det(X)G(X)$,其中 $G(X)$ 为系数在 R 中的 n^2 个变元的多项式.

我们事先作两点观测. 首先定理的"当"部分是显见的. 因为当 A 是一个分量在 R 中的 $n\times n$ 矩阵,且 $F(X) = \det(X)G(X)$,于是 $F(\lambda I - A) = \det(\lambda I - A)G(\lambda I - A)$,因此,由哈密尔顿 – 凯莱定理,$A$ 满足多项式 $F(\lambda I - A)$. 其次,对 R 若无某些条件则定理不成立. 例如,当 $R = Z_2$ 为具有两个元素的域时,定义 $F(X) = (x_{12} + x_{21})x_{11}x_{22}$. 给出

$$A = \begin{pmatrix} a_{11} & a_{12} \\ a_{21} & a_{22} \end{pmatrix}, a_{ij} \in Z_2$$

则 $F(\lambda I - A) = (a_{12} + a_{21})(\lambda - a_{11})(\lambda - a_{22})$,因而除了 A 为上半或下半三角形但非对角形的矩阵外,$F(\lambda I - A) \equiv 0$,而在前面情形下 $F(\lambda I - A) = (\lambda - a_{11}) \cdot (\lambda - a_{22}) = \det(\lambda I - A)$. 所以,$F(X)$ 为哈密尔顿 – 凯莱多项式,但行列式 $\det(X)$ 不是 $F(X)$ 的因子.

上述例子是一个齐次多项式;更明显的一个 Z_2 上非齐次的例子是 $F(X) = x_{12}^2 - x_{12}$. 对任意有限域可构

第5章 进一步的讨论

造出类似的例子. 又, 后一个例子可用于任一个布尔环, 因此对 R 的这些限制实为必要. (回想一下, 环 R 称为布尔的, 是指对每个 $a \in R$ 有 $a^2 = a$ 可径直看出布尔环 R 总是可交换的, 且当 R 为无限时, 它不是整环.)

我们即将给出定理的一个初等证明. 目前, 颇有趣味并且值得指出的是, 当 R 为代数闭域时我们的定理不过是美妙的希尔伯特(Hilbert)零点定理的特殊情形. 按我们的需要, 零点定理可表示为:

如果 J 是代数闭域上多项式环中一个理想, 而 $F(X)$ 在 J 中多项式的每个公共零点上为零, 则 $F(X)$ 的某个幂 $(F(X))^n$ 是 J 中元.

首先要一个引理. (无疑, 此引理众所周知, 但我们指不出它的参考文献, 故而这里给出其证明大意)

引理 1 如果 R 为整环, 则 $\det(X)$ 是 $R[X]$ 中不可约元, 其中 $R[X]$ 是系数于 R 中的 n^2 变元的多项式环.

证明 设 $\det(X) = F(X)G(X), F(X), G(X) \in R[X]$. 因为 $\det(X)$ 是 X 中第一列 $\{x_{11}, x_{21}, \cdots, x_{n1}\}$ 变元的线性函数, 故可知 G 与这些变量无关. 相同的论证轮流用于每行, 表明了 G 为常值, 因此为单位元.

R 为代数闭域时定理的另一种证明. 设 J 为 $R[X]$ 中哈密尔顿 – 凯莱多项式的集合. 容易看出 J 是 $R[X]$ 中理想只要证明 J 是由 $\det(X)$ 生成的主理想就完成了证明. 因为 $\det(X) \in J$, 故只需证明 $J \subseteq P =$

Hamilton – Cayley 定理

$(\det(X))$. 由于 $R[X]$ 为唯一可分解环且 $\det(X)$ 不可约,所以 P 为素理想;又注意到,当 A 为 R 上 $n \times n$ 退化矩阵且 $F(X) \in J$ 时,$F(A) = 0$,为此,只要看到零是 $-A$ 的一个特征值,于是零也是 $F(\lambda I + A)$ 的一个根,因此 $F(A) = 0$. 由希尔伯特零点定理. 我们得到 $(F(X))^n \in P$,对某个 $n \in \mathbf{Z}$ 成立. 但因 P 为素理想,必有 $F(X) \in P$. 这就是所需结果.

现在准备证明定理. 实则它是下面一个一般性引理的推论:

引理 2 设 R 为无限整环,$S = R[X]$,$F(X, \lambda) \in S[\lambda]$. 令 $D(X, \lambda) = \det(\lambda I - X)$,则 $F(A, A) = 0$,对所有 $A \in M_n(R)$ 成立(R 上的 $n \times n$ 矩阵)当且仅当 $D(X, \lambda)$ 是 $F(X, \lambda)$ 在 $S[\lambda]$ 中的一个因子.

证明 因为"当"的部分直接由哈密尔顿 – 凯莱定理得到,故只须证明另一部分. 记 $F(X, \lambda) = p_m(X)\lambda^m + \cdots + p_0(X) = 0$,其中 $p_i(X) \in S$. 由假设,有 $p_m(A)A^m + \cdots + p_0(A)I = 0$ 对每个 $A \in M_n(R)$ 成立. 因此,$F(X, X) = p_m(X)X^m + \cdots + p_0(X)I = \mathbf{0}$,要弄明白这点,只要看到矩阵 $F(X, X)$ 的每个分量是一个 n^2 变元的多项式,因此是零多项式[1, 习题 1 – 4]. 由于 $D(X, \lambda)$ 为首项系数是 1 的 λ 的多项式,用 $S[\lambda]$ 中的辗转相除,可记 $F(X, \lambda) = Q(X, \lambda)D(X, \lambda) + R(X, \lambda)$,其中 $Q(X, \lambda), R(X, \lambda) \in S[\lambda]$ 而 $R(X, \lambda)$ 的次数等于 $r < n$. 只要证明了 $R(X, \lambda) = 0$ 就完成了证明. 为此,首先注意到 $R(X, X) = 0$. 这可由方程式

第 5 章 进一步的讨论

$$F(X,X) = Q(X,X)D(X,X) + R(X,X)$$

得到,因为由哈密尔顿 – 凯莱定理, $D(X,X) = 0$. 且前面已证明了 $F(X,X) = 0$. 于是,当 $R(X,\lambda) = u_r(X)\lambda^r + \cdots + u_0(X)$ 时有 $u_r(X)X^r + \cdots + u_0(X)I = 0$.

现断言 X 的特征多项式 $D(X,\lambda) \in S[\lambda]$ 具有 n 个不同的根(在 S 的分式域的某可裂域上). 一旦断言得证,证明就完成了,这是因为 X 的极小多项式的次数就会是 n,从而得到结论 $u_r(X) = \cdots = u_0(X) = 0$,即 $R(X,\lambda) = 0$.

要建立此论断只要注意到 $D(X,\lambda)$ 的判别式 $\Delta(X)$ 是 $D(X,\lambda)$ 系数的齐次多项式,而 $\Delta(X) = 0$ 的充要条件为 $D(X,\lambda)$ 有重根. 若 $A \in M_n(R)$,则 $\Delta(A)$ 是 $D(A,\lambda)$ 的判别式,于是可选取 A 为具 n 个不同特征值的对角矩阵(R 为无限!),这表明 $\Delta(X)$ 不恒为 0. 证毕.

再从引理 2 推导出定理. 令 $G(X)$ 是一个哈密尔顿 – 凯莱多项式,并设 $F(X,\lambda) = G(\lambda I, X)$. 于是 $F(A,A) = 0$ 对每个 $A \in M_n(R)$ 成立,因此由引理 2 得到 $D(X,\lambda)$ 是 $F(X,\lambda)$ 的因子,即 $F(X,\lambda) = D(X,\lambda)Q(X,\lambda)$. 于是,令 $\lambda = 0$,并将 X 换作 $-X$,我们就有 $G(X) = \det(X)Q(X,0)$,其中 $Q(X,0) \in R[X]$.

参考文献

[1] FULTON W. Algebraic Curves[M]. New York:

W. A. Benjamin,1969.

［2］ HUNGERFORD T, Algebra［M］. New York: Holt, Rinehart and Winston, 1974.

［3］ USPNDKY J. Theory of Equations［M］. New York: McGraw-Holl, 1948.

5.2 交换拟环上的哈密尔顿－凯莱定理

湖北大学数学系的郑玉美教授1991年把交换环上的著名的哈密尔顿－凯莱定理推广到交换拟环上，得到如下定理：设 N 是交换拟环，$a \in M_n(N)$，如果 $\lambda p(\lambda)$ 是 a 的特征多项式，则 $\alpha a p(a) = 0$，此处 $0 \neq \alpha$ 是 N 中任意元.

我们知道，如果 N 是分配拟环，则 $M_n(N)$ 也是（见文［2］）. 有关拟环的一些基本概念参见文［3］. 在本文中，N 总是交换拟环，$Z\{\xi\}$ 是自由拟环，首先我们摘录3个引理（见［2］,［3］）.

引理1 任何交换拟环是分配的.

引理2 如果 N 是交换拟环，则 N^2 是加法可换的.

引理3 如果 N 是分配拟环，则 $M_n(N)$ 也是分配拟环.

下面我们证明

引理4 设 K 是 $(N, +)$ 的换位子子群，则 K 是 N 的一个理想，且 $\overline{N} = N/K$ 是一个交换环.

证 $\forall \alpha, \alpha_1, \alpha_2, \alpha_3, \alpha_4 \in N$，据引理2

$$[\alpha_1,\alpha_2]\alpha = (\alpha_1+\alpha_2-\alpha_1-\alpha_2)\alpha = [\alpha_1\alpha,\alpha_2\alpha] = 0 \in K$$
$$\alpha([\alpha_1,\alpha_2]+\alpha_3)-\alpha\alpha_3 = ([\alpha_1,\alpha_2]+\alpha_3)\alpha-\alpha_3\alpha$$
$$= [\alpha_1,\alpha_2]\alpha = 0 \in K$$

故 K 是 N 的一个理想.

令 J 是所有换位子 $[\alpha,\beta]=\alpha+\beta-\alpha-\beta$,此处 α 与 β 的每个单项都是次数大于或等于 2 的,生成的 $(\mathbf{Z}[\xi],+)$ 的子群,我们可以证明

引理 5 J 是 $\mathbf{Z}\{\xi\}$ 的一个理想且 $\mathbf{Z}[\xi]=\mathbf{Z}\{\xi\}/J$ 是一个自由交换拟环.

证 由引理 4 知 $J\Delta Z\{\xi\}$. 如果

$$0\neq\alpha=n_1\alpha_1+\cdots+n_t\alpha_t\in\mathbf{Z}\{\xi\},\alpha_i\text{为单项}$$
$$0\neq\beta=m_1\beta_1+\cdots+m_s\beta_s\in\mathbf{Z}\{\xi\},\beta_i\text{为单项}$$

据乘法定义有 $\alpha\beta=n_1m_1\alpha_1\beta_1+\cdots+n_1m_s\alpha_1\beta_s+\cdots+n_tm_1\alpha_t\beta_1+\cdots+n_tm_s\alpha_t\beta_s$. 它的每个单项都是次数大于或等于 2 的. 交换 $\alpha\beta$ 的单项可以得到 $\beta\alpha$,于是 $\alpha\beta-\beta\alpha\in J$,即 $\overline{\alpha\beta}=\overline{\beta\alpha}$,因此 $\mathbf{Z}[\xi]$ 是交换拟环.

今设 N 是任一交换拟环,由于 $\mathbf{Z}\{\xi\}$ 是自由拟环,于是存在唯一的同态 $\psi:\mathbf{Z}\{\xi\}\to N$ 使得 $\xi_i\to x_i\in N$,又由于 $\psi(J)=0$,则 $\ker\psi\supseteq J$,于是 ψ 有一个导出同态 $\hat{\psi}:\mathbf{Z}\{\xi\}/J\to N$ 使得 $\overline{\xi_i}\to x_i$ (见 [4]),显然这个同态是唯一的,所以 $\mathbf{Z}[\xi]$ 是一个自由交换拟环.

据引理 4,$\mathbf{Z}(\xi)=\mathbf{Z}[\xi]/K$ 是一个交换环,此处 K 是 $(\mathbf{Z}[\xi],+)$ 的换位子子群. 我们可以证明 $\mathbf{Z}(\xi)$ 没有非零的零因子,为此必须考察 K.

引理 6 设 $\alpha=n_1\alpha_1+\cdots+n_t\alpha_t\in\mathbf{Z}[\xi],n_i\in\mathbf{Z}$,单

项 $\alpha_i \in \mu(\xi)$,则 $\alpha \in K$ 当且仅当 α 的相同单项的系数和为零.

证 由于 $[\alpha,\beta] = \alpha + \beta - \alpha - \beta$,必要性是明显的. 另一方面

$$\alpha = n_1\alpha_1 + n_2\alpha_2 + \cdots + n_t\alpha_t$$
$$= [n_1\alpha_1, n_2\alpha_2] + n_2\alpha_2 + n_1\alpha_1 + n_3\alpha_3 + \cdots + n_t\alpha_t$$

如果 α_1 与 α_3 是相同的;则 $n_1\alpha_1 + n_3\alpha_3 = (n_1 + n_3)\alpha_1$, 否则继续上述过程,合并相同的单项,得到的系数为零,故有 $\alpha \in K$.

一个特例是

引理 7 设 $\alpha = n_1\alpha_1 + \cdots + n_t\alpha_t, \alpha_1, \cdots, \alpha_t$ 是不同的单项,则 $\alpha \in K$ 当且仅当 $n_1 = \cdots = n_t = 0$.

我们还可以证明下面重要的性质.

引理 8 如果 $\alpha, \beta \in \mathbf{Z}[\xi], \alpha\beta \in K$,则 $\alpha \in K$ 或 $\beta \in K$.

证 由于 $\mathbf{Z}[\xi]^2$ 是加法可换的,则

$$\alpha\beta = (n_1\alpha_1 + \cdots + n_t\alpha_t)(m_1\beta_1 + \cdots + m_s\beta_s)$$
$$= \sum_{i=1}^{t}\sum_{j=1}^{s} n_i m_j \alpha_i \beta_j$$

我们把合并 α 的相同的单项得到的元记为 $\bar{\alpha}$,则 $\alpha - \bar{\alpha} \in K$,同样从 β 得到 $\bar{\beta}$ 且 $\beta - \bar{\beta} \in K$. 写

$$\bar{\alpha} = n_1'\alpha_1 + \cdots + n_u'\alpha_u, \bar{\beta} = m_1'\beta_1 + \cdots + m_v'\beta_v$$

此处 $\alpha_1, \cdots, \alpha_u$ 是不同的单项,$\beta_1, \cdots, \beta_v$ 是不同的单项.

令 $W(\bar{\alpha}) = \{\alpha_1, \cdots, \alpha_u\}, W(\bar{\beta}) = \{\beta_1, \cdots, \beta_v\}$,如

第5章 进一步的讨论

果 $W(\bar{\alpha}) \cap W(\bar{\beta}) = \phi$,则 $\overline{\alpha\beta} = \sum_{i=1}^{u}\sum_{j=1}^{v} n_i{'}m_j{'}\alpha_i\beta_j \in K$,据引理7,每个 $n_i{'}m_j{'} = 0$,如果有某个 $m_j{'} \neq 0$,则 $n_i{'}m_j{'} = 0$ 产生 $n_1{'} = \cdots = n_u{'} = 0$,即 $\bar{\alpha} = 0$ 故 $\alpha \in K$. 如果 $W(\bar{\alpha}) \cap W(\bar{\beta}) \neq \phi$,不失一般性,令 $\alpha_1 = \beta_1$,则

$$\overline{\alpha\beta} = n_1{'}m_1{'}\alpha_1^2 + \cdots \in K$$

由引理7推知 $n_1{'}m_1{'} = 0$,于是 $n_1{'} = 0$ 或 $m_1{'} = 0$,无论哪种情况都与 $\alpha_1 \in W(\bar{\alpha}) \cap W(\bar{\beta})$ 矛盾.

现在很容易证明如下:

引理9 $\mathbf{Z}(\xi) = \mathbf{Z}[\xi]/K$ 是一个交换整环.

证 只须证明 $\overline{\alpha\beta} = \bar{0} \Rightarrow \bar{\alpha} = \bar{0}$ 或 $\bar{\beta} = \bar{0}$. 事实上

$$\overline{\alpha\beta} = \bar{0} \Rightarrow \alpha\beta \in K \Rightarrow \alpha \in K \text{ 或 } \beta \in K \Rightarrow \bar{\alpha} = \bar{0} \text{ 或 } \bar{\beta} = \bar{0}$$

直接检验可以得到

引理10 $N[\lambda] = \{\alpha_0\lambda^n + \alpha_1\lambda^{n-1} + \cdots + \alpha_n | \alpha_i \in N, n \text{ 为任意非负整数}\}$ 在通常加法与乘法下构成一个加法不可换的拟环.

特别对于 $\mathbf{Z}[\xi][\lambda]$ 我们还有

引理11 $\mathbf{Z}[\xi][\lambda]/K[\lambda] \cong \mathbf{Z}(\xi)[\lambda]$.

证 考虑自然映射 $v: \mathbf{Z}[\xi][\lambda] \to \mathbf{Z}(\xi)[\lambda]$ 使得

$$f = \alpha_0\lambda^n + \cdots + \alpha_n \to \bar{f} = \bar{\alpha}_0\lambda^n + \cdots + \bar{\alpha}_n$$

由于

$$\bar{f} = \bar{\alpha}_0\lambda^n + \cdots + \bar{\alpha}_n = 0 \Leftrightarrow \bar{\alpha}_i = \bar{0} \Leftrightarrow \alpha_i \in K \Leftrightarrow f \in K[\lambda]$$

于是

$$\ker v = K[\lambda]$$

159

Hamilton – Cayley 定理

现在我们给出 $\alpha \in M_n(N)$ 的特征多项式的概念.

定义 1 设 $a = (a_{ij}) \in M_n(N)$，则
$$\det a = \sum_{\pi \in \mathrm{Sgm}(n)} (\mathrm{Sg}\pi) a_{1\pi 1} a_{2\pi 2} \cdots a_{n\pi n}$$
叫作 a 的行列式. 由于 N^2 是加法可换的，这个定义是有意义的，如平常那样，$\det a$ 的 k 级子式之和为
$$a(i_1 \cdots i_k) = \sum_{a \in \mathrm{Sgm}(k)} (\mathrm{Sg}\pi) a_{i_1 \pi i_1} a_{i_2 \sigma i_2} \cdots a_{i_k \sigma i_k}$$

定义 2 设 $a = (a_{ij}) \in M_n(N)$，a 的迹定义为顺序和 $T_r(a) = a_{11} + a_{22} + \cdots + a_{nn}$. 定义顺序和
$$a_k = \sum_{1 \leqslant i_1 < \cdots < i_k \leqslant n} a(i_1, \cdots, i_k)$$
其顺序为 $(i_1, \cdots, i_k) < (j_1, \cdots, j_k)$ 当且仅当 $i_1 < j_1$ 或 $i_1 = j_1, i_2 < j_2$，等等.

定义 3 设 $a = (a_{ij}) \in M_n(N)$，a 的特征多项式是
$$\lambda p(\lambda) = \lambda^{n+1} - \alpha_1 \lambda^n + \alpha_2 \lambda^{n-1} - \cdots + (-1)^n \alpha_n \lambda$$
此处 α_i 如定义 2 所指.

定义 4 $\forall \alpha \in N, a = (a_{ij}) \in M_n(N)$，定义
$$\alpha a = (\alpha a_{ij})$$

下面我们来证明本文的定理

定理证明 (i) 对于 $M_n(\mathbf{Z}[\xi])$，哈密尔顿 – 凯莱定理成立 (见 [1]). 由于引理 9，$M_n(\mathbf{Z}(\xi)) \cong M_n(\mathbf{Z}[\xi])/M_n(K)$. 令 $Y = (\xi_{ij}) \in M_n(\mathbf{Z}[\xi])$，它在 $M_n(\mathbf{Z}(\xi))$ 的同态象是 $\overline{Y} = (\overline{\xi}_{ij})$，此 $\overline{\xi}_{ij} = \xi_{ij} + K$，设
$$\lambda p(\lambda) = \lambda^{n+1} - \cdots + (-1)^n \alpha_n \lambda$$
是 Y 的特征多项式，由引理 11 知 $\overline{Y}$ 的特征多项式是

160

$$\overline{p}(\lambda) = \lambda^n - \overline{\alpha}_1 \lambda^{n-1} + \cdots + (-1)^n \overline{\alpha}_n$$

于是 $\overline{p}(\overline{Y}) = \overline{Y}^n - \overline{\alpha}_1 \overline{Y}^{n-1} + \cdots + (-1)^n \overline{\alpha}_n \overline{E}_n = \overline{0}$

或 $\quad\quad\quad\quad \overline{Y}p(\overline{Y}) = 0$

即 $\quad\quad\quad\quad Yp(Y) \in M_n(K)$

$$\forall 0 \neq \alpha \in \mathbf{Z}[\xi], aYp(Y) = 0$$

（ii）由于 $\mathbf{Z}[\xi]$ 是一个自由交换拟环，考虑一个映射 $\xi_{ij} \to a_{ij}$ 及其扩张 $\psi: \mathbf{Z}[\xi] \to N$，$\psi$ 导出一个同态 $\hat{\psi}: M_n(\mathbf{Z}[\xi]) \to M_n(N)$ 使得 $Y \to (a_{ij}) = a$。令 $Y = (\xi_{ij})$ 的特征多项式是 $\lambda p(\lambda) = \lambda^{n+1} - \alpha_1 \lambda^n + \cdots + (-1)^n \alpha_n \lambda$

又

$$\psi(\lambda p(\lambda)) = \lambda^{n+1} - \psi(\alpha_1)\lambda^n + \cdots + (-1)^n \psi(\alpha_n)\lambda$$

是 a 的特征多项式，于是

$$\begin{aligned}\psi(ap(a)) &= a^{n+1} - \psi(\alpha_1)a^n + \cdots + (-1)^n \psi(\alpha_n)a \\ &= \hat{\psi}(Y)^{n+1} - \psi(\alpha_1)\hat{\psi}(Y)^n + \cdots + \\ &\quad (-1)^n \psi(\alpha_n)\hat{\psi}(Y) \\ &= \hat{\psi}(Y^{n+1} - \alpha_1 Y^n + \cdots + (-1)^n \alpha_n Y) \in \\ &\quad \hat{\psi}(M_n(K))\end{aligned}$$

令 K' 是 $(N, +)$ 的换位子子群，据引理 4，N/K' 是交换环，$\forall \alpha, \beta \in \mathbf{Z}[\xi]$

$$\psi([\alpha, \beta]) = [\psi(\alpha), \psi(\beta)] \in K'$$

于是这意味着 $\psi(K) \subseteq K'$ 及 $\hat{\psi}(M_n(K)) \subseteq M_n(K')$，故

$$\psi(ap(a)) \in M_n(K')$$

$$\forall 0 \neq \alpha \in N, \alpha\psi(ap(a)) = 0$$

Hamilton – Cayley 定理

参考文献

[1] BOWEN L H. Polynomial Identities in Ring Theory, Academic Press, 1980.

[2] HENRY. Heatherly, Matrix near – rings[J]. J. London Math. Soc., 2(1973). 355-356.

[3] PILZ G. Near – Rings[M]. North – Holland Pub. Company, 1983.

[4] JACOBSON N. Basic Algebra II[M]. W. H. Freeman and Company, 1980.

5.3 在常系数线性方程组的讨论中避免约当标准形①

考虑微分方程

$$x = Ax, x(0) = x_0 \quad (0 \leqslant t < \infty) \quad (1)$$

其中 x 和 x_0 是 n 维向量，A 是 $n \times n$ 常数矩阵. 在文中，我们介绍不使用任何预先变换而清楚地写出方程 (1) 的解的两种方法，作者相信它们是新的. 当矩阵不能对角化时，这一方法对数学和实际工作特别有用，因为它完全不需要讨论和求出矩阵 A 的约当标准形

---

① 本文译自 The American Mathematical Monthly Vol 73 (1966), No, 1, 2-7.

第5章 进一步的讨论

(J. C. F).

若 e^{At} 如通常那样用幂级数来定义,则众所周知,方程(1)的解为

$$\boldsymbol{x} = e^{At}\boldsymbol{x}_0$$

因此问题就在于计算函数 e^{At}. 在参考文献[9]中,它由 $\boldsymbol{A}$ 的 J. C. F 来完成. 在参考文献[8]中,证明了 J. C. F 如何被一个把 $\boldsymbol{A}$ 简化为三角形矩阵的形式的变换所代替,而在二角形矩阵中对角线以外的元素可以任意小. 虽然这一方法允许对 $\exp \boldsymbol{A}t$ 的形式和当 t 趋于无穷大时,它的变化进行理论探讨,但它没有提供计算这一函数的实际方法. 下列两个定理提供了另外的方法,这种方法可以用来计算,也可用来作说明性的讨论. 值得注意的是定理2比定理1更简单,因为 r_1 的计算比 q_1 的计算更容易.

为了简明地叙述定理1,我们先介绍某些符号.

设 $\boldsymbol{A}$ 是 $n \times n$ 常数矩阵,令

$$f(\lambda) \equiv |\lambda \boldsymbol{E} - \boldsymbol{A}| = \lambda^n + c_{n-1}\lambda^{n-1} + \cdots + c_1\lambda + c_0$$

是 $\boldsymbol{A}$ 的特征多项式. 构造一个纯量函数 $z(t)$,它是微分方程

$$z^{(n)} + c_{n-1}z^{(n-1)} + \cdots + c_1\dot{z} + c_0 z = 0 \quad (2)$$

的满足初始条件

$$z(0) = \dot{z}(0) = \cdots = z^{(n-2)}(0) = 0$$
$$z^{(n-1)}(0) = 1 \quad (3)$$

的解.

在此我们观察到,不论 $f(\lambda) = 0$ 的根的重数如

Hamilton – Cayley 定理

何,一旦得到这些根,我们就能容易地写出方程(2)的通解. 然后再求解满足初始条件(3)的一个线性代数方程组. 由于这些方程除最后一个外,其余各个的右边均为零,因此求解它们只要求与其对应的矩阵的最后的一行代数余因子就行了,而矩阵本身不必变换. 为了达到教学目的,重要之点是方程(2)的通解的形式可以很快地而且很容易地用初等方法得到.

现在定义

$$\mathbf{Z}(t) = \begin{pmatrix} z(t) \\ \dot{z}(t) \\ \vdots \\ z^{(n-1)}(t) \end{pmatrix}$$

和

$$\mathbf{C} = \begin{pmatrix} c_1 & c_2 & \cdots & c_{n-1} & 1 \\ c_2 & c_3 & \cdots & 1 & \\ \vdots & & \iddots & & \\ c_{n-1} & 1 & & & \mathbf{0} \\ 1 & & & & \end{pmatrix}$$

于是我们有

定理 1 $\qquad \mathrm{e}^{At} = \sum_{j=0}^{n-1} q_j(t) \mathbf{A}^j \qquad (4)$

其中 $q_0(t), \cdots, q_{n-1}(t)$ 是列向量

$$\mathbf{q}(t) = \mathbf{C}\mathbf{Z}(t) \qquad (5)$$

的元素.

在证明这一定理之前,我们作一附注,说明当

$f(\lambda)$ 有重根而 $\boldsymbol{A}$ 的最小多项式有不同的因式,以致 $\boldsymbol{A}$ 事实上可以对角化时,按照我们的定理将有什么情况发生,初略一看,在我们的公式中将包含 t 的乘幂,但这是不可能的,因为在公式(4)中 t 的乘幂恰好彼此抵消,这是公式(4)的美好特性,它对所有矩阵 $\boldsymbol{A}$ 为真. 因此我们从不关心 $\boldsymbol{A}$ 的最小多项式的性质或者它的 J. C. F,而且也不需要作任何类型的预先变换.

证明 如果

$$\boldsymbol{\Phi}(t) = \sum_{j=0}^{n-1} q_j(t) \boldsymbol{A}^j \tag{6}$$

则 $\dfrac{d\boldsymbol{\Phi}}{dt} = \boldsymbol{A}\boldsymbol{\Phi}$,且 $\boldsymbol{\Phi}(0) = \boldsymbol{I}$,因此 $\boldsymbol{\Phi}(t) = e^{\boldsymbol{A}t}$.

因为只有 $q_0(t)$ 包含 $z^{(n-1)}(t)$,因此当 $j \geqslant 1$ 时 $q_j(0) = 0$. 显然 $q_0(0) = 1$,于是 $\boldsymbol{\Phi}(0) = \boldsymbol{I}$.

现在我们考虑 $\dfrac{d\boldsymbol{\Phi}}{dt} - \boldsymbol{A}\boldsymbol{\Phi}$. 微分式(6)并应用哈密尔顿 – 凯莱定理

$$\boldsymbol{A}^n + \sum_{j=0}^{n-1} c_j \boldsymbol{A}^j = 0$$

我们得到

$$\frac{d\boldsymbol{\Phi}}{dt} - \boldsymbol{A}\boldsymbol{\Phi} = (\dot{q}_0 + c_0 q_{n-1}) + \sum_{j=0}^{n-1} (\dot{q}_j - q_{j-1} + c_j q_{n-1}) \boldsymbol{A}^j$$

因此只需证明

$$\dot{q}_0(t) \equiv -c_0 q_{n-1}(t)$$

$$\dot{q}_j(t) \equiv q_{j-1}(t) - c_j q_{n-1}(t) \quad (j = 1, \cdots, n-1)$$

从式(5)知

Hamilton – Cayley 定理

$$q_j(t) \equiv \sum_{k=1}^{n-j-1} c_{k+j} z^{(k-1)} + z^{(n-j-1)} \qquad (7)$$

因此
$$\dot{q}_j(t) \equiv \sum_{k=1}^{n-j-1} c_{k+j} z^{(k-1)} + z^{(n-j)}$$

但 $q_{n-1} = z$,因此我们有

$$\dot{q}_j + c_j q_{n-1} \equiv \sum_{k=0}^{n-j-1} c_{k+j} z^{(k)} + z^{(n-j)} \quad (j=0,1,\cdots,n-1)$$
$$(8)$$

如果 $j=0$,从此式得

$$\dot{q}_0 + c_0 q_{n-1} \equiv \sum_{k=0}^{n-1} c_k z^{(k)} + z^{(n)}$$

由式(2),它等于零.

如果 $j \geqslant 1$,在式(7)中用 $j-1$ 去代替 j,而且改变求和的指标 k 为 $k+1$,则得

$$q_{j-1}(t) \equiv \sum_{k=0}^{n-j-1} c_{k+j} z^{(k)} + z^{(n-j)} \qquad (9)$$

比较式(9)和式(8),我们有

$$\dot{q}_j + c_j q_{n-1}(t) \equiv q_{j-1}(t) \quad (j=1,2,\cdots,n-1)$$

证毕.

学生们希望弄明白公式(4)的导出. 我们只不过是倒过来给出证明,而开始时只是根据哈密尔顿－凯莱定理通过观察知:$\exp At$ 应该能表示为公式(6)的形式,于是把 q_j 作为未知量并应用 $\exp At$ 所满足的微分方程,就立即导出公式(4).

设 $\lambda_1, \lambda_2, \cdots, \lambda_n$ 是 A 的特征值,它们可以是任意的,但要指定次序,这些特征值不必互异,于是对一切

矩阵 A 成立的 $\exp At$ 的第二个显示表示有

定理 2 $e^{At} = \sum_{j=0}^{n-1} r_{j+1}(t) p_j$,式中

$$p_0 = I, \quad p_j = \prod_{k=1}^{j} (A - \lambda_k I) \quad (j = 1, 2, \cdots, n)$$

而 $r_1(t), r_2(t), \cdots, r_n(t)$ 是三角方程组

$$\begin{cases} \dot{r}_1 = \lambda_1 r_1 \\ \dot{r}_j = r_{j-1} + \lambda_j r_j \quad (j = 2, \cdots, n) \\ r_1(0) = 1, r_j(0) = 0 \quad (j = 2, \cdots, n) \end{cases}$$

的解.

证明 设

$$\Phi(t) = \sum_{j=0}^{n-1} r_{j+1}(t) p_j \tag{10}$$

且定义 $r_0(r) \equiv 0$,则从式(10)和 $r_j(t)$ 所满足的方程并把 r_j 的项集合在一起后,我们有

$$\dot{\Phi} - \lambda_n \Phi = \sum_{j=0}^{n-2} [p_{j+1} + (\lambda_{j+1} - \lambda_n) p_j] r_{j+1}$$

把 $p_{j+1} \equiv (A - \lambda_{j+1} I) p_j$ 应用到这一公式中得

$$\dot{\Phi} - \lambda_n \Phi_n = (A - \lambda_n I)(\Phi - r_n(t) p_{n-1})$$
$$= (A - \lambda_n I) \Phi - r_n(t) p_n$$

但由哈密尔顿-凯莱定理知 $p^n \equiv 0$,因此

$$\dot{\Phi} = A \Phi$$

又由于 $\Phi(0) = I$,最后得 $\Phi(t) = e^{At}$. 证毕.

如果为了在课堂上介绍上述方法,需要某些数字例题. 可以预先准备好适当的矩阵:任意选择一组特征值、约当标准形 J 和非奇异矩阵 S,并计算

Hamilton – Cayley 定理

$$A = SJS^{-1}$$

然后从 A 出发,直接计算集合 $\{q_1(t)\}$ 或 $\{r_1(t)\}$.

考虑具有特征值 (λ, λ, μ) 的 3×3 矩阵,有两种情况:一种情况是 A 的标准形是对角形,另一种是 A 不可能化为对角形. 这两种情况在给定的 $\exp At$ 的公式中都自动地考虑到了,而且这两种差异一点也不影响 $\{q_1\}$ 或 $\{r_1\}$ 的计算.

作为一个例子,我们来确切地求出具有特征值 $(\lambda, \lambda, \lambda)$ 的 3×3 矩阵 A 的集合 $\{q_1\}$ 和 $\{r_1\}$. 请注意,除了标准形(因而 A 本身)是对角形的平凡情形外,A 可能有不同的非对角形,但上面已说过,这些不必分开来处理的.

从定理 1 得到

$$f(x) \equiv (x - \lambda)^3 = x^3 - 3\lambda x^2 + 3\lambda^2 x - \lambda^3$$

因此 $c_1 = 3\lambda^2$, $c_2 = -3\lambda$, 显然有 $z(t) = (a_1 + a_2 t + a_3 t^2) e^{\lambda t}$. 应用初始条件求出 a_1, 得 $z = \frac{1}{2} t^2 e^{\lambda t}$, 因此

$$z(t) = \frac{1}{2} e^{\lambda t} \begin{pmatrix} t^2 \\ \lambda t^2 + 2t \\ \lambda^2 t^2 + 2\lambda t + 2 \end{pmatrix}$$

又因为

$$C = \begin{pmatrix} 3\lambda^2 & -3\lambda & 1 \\ -3\lambda & 1 & 0 \\ 1 & 0 & 0 \end{pmatrix}$$

所以

$$q = CZ(t) = \frac{1}{2}e^{\lambda t}\begin{pmatrix} \lambda^2 t^2 - 2\lambda t + 2 \\ -2\lambda t + 2t \\ t^2 \end{pmatrix}$$

于是对于具有三个特征值都是 λ 的 3×3 矩阵 A 来说,有

$$e^{At} = \frac{1}{2}e^{\lambda t}\{(\lambda^2 t^2 - 2\lambda t + 2)I + (-2\lambda t + 2t)A + t^2 A^2\}$$

(11)

从定理 2 得到的公式由解满足指定初始条件的方程组

$$\begin{cases} \dot{r}_1 = \lambda r_1 \\ \dot{r}_2 = r_1 + \lambda r_2 \\ \dot{r}_3 = r_2 + \lambda r_3 \end{cases}$$

而得到,由这一方程组立即得到

$$r_1 = e^{\lambda t}, r_2 = te^{\lambda t}, r_3 = \frac{t^2}{2}e^{\lambda t}$$

因此

$$e^{At} = \frac{1}{2}e^{\lambda t}\{2I + 2t(A - \lambda I) + t^2(A - \lambda I)^2\} \quad (12)$$

当然,如果在式(12)中求出集合 A 的同次幂,则将得到式(11).

5.4 计算 exp At 的一种简便方法

5.4.1 一些有关的概念和引理.(证明见参考文献[13])

设 $f(\lambda) = a_0 + a_1 \lambda + \cdots + a_k \lambda^k$ ($a_1, \cdots, a_k$ 是常

Hamilton – Cayley 定理

数).

若 A 为 m 阶 Jordan 块 $\begin{pmatrix} \rho & 1 & & \\ & \ddots & \ddots & \\ & & \rho & 1 \end{pmatrix}$,则

$$f(A) = \begin{pmatrix} f(\rho) & f'(\rho) & \frac{1}{2!}f''(\rho) & \cdots & \frac{1}{(m-1)!}f^{(m-1)}(\rho) \\ & f(\rho) & f'(\rho) & \cdots & \frac{1}{(m-2)!}f^{(m-2)}(\rho) \\ & & & \ddots & \vdots \\ & & & & f'(\rho) \\ & & & & f(\rho) \end{pmatrix}$$

若 $A = A_1 \dotplus A_2 \dotplus \cdots \dotplus A_s$,(其中 $A_1, \cdots, A_s$ 为 Jordan 块,则

$$f(A) = f(A_1) \dotplus f(A_2) \dotplus \cdots \dotplus f(A_s)$$

若 $A = TJT^{-1}$,J 为 A 的 Jordan 标准形,T 为非奇异矩阵,则 $f(A) = Tf(J)T^{-1}$.

设 $f(\lambda)$ 为一具有适当高阶导数的数值函数,A 为 n 阶方阵,特征值为 $\rho_1, \cdots, \rho_s$,其中可能有相同者,$T^{-1}AT = J$,其中 J 为 Jordan 标准形,$J = J_1 \dotplus J_2 \dotplus \cdots \dotplus J_s$($J_i$ 为 n_i 阶 Jordan 标准形,$i = 1, 2, \cdots, s$),则定义矩阵函数 $f(A) = Tf(J)T^{-1}$.

其中

$$f(J) = f(J_1) \dotplus f(J_2) \dotplus \cdots \dotplus f(J_s)$$

$$f(J_i) = \begin{pmatrix} f(\rho_i) & f'(\rho_i) & \frac{1}{2!}f''(\rho_i) & \cdots & \frac{1}{(n_i-1)!}f^{(n_i-1)}(\rho_i) \\ & f(\rho_i) & f'(\rho_i) & \cdots & \frac{1}{(n_i-2)!}f^{(n_i-2)}(\rho_i) \\ & & & \ddots & \vdots \\ & & & & f'(\rho_i) \\ & & & & f(\rho_i) \end{pmatrix}$$

$f(A)$ 是对应于数值函数 $f(\lambda)$ 的矩阵函数,称为纯

函数. 当 $f(\lambda)$ 为多项式时, 此定义与式(1)一致.

引理 1 设已知不同的数 $\rho_1, \cdots, \rho_s$ 及 $(k+1)s$ 个任意数 α_{ij} 的阵列, 可求得一多项式 $p(\lambda)$, 使其在某一点 ρ_i 上的值为 α_{i0}, 而其 j 级导数的值为 α_{ij} ($i = 1, \cdots, s; j = 1, 2, \cdots, k$).

依此引理, 对任一数值函数 $f(\lambda)$ 及 n 阶矩阵 $\boldsymbol{A}$, 当 $f(\boldsymbol{A})$ 有意义时, 可求得一多项式 $p(\lambda)$, 适合下述条件
$$p(\rho_i) = f(\rho_i), p'(\rho_i) = f'(\rho_i), \cdots,$$
$$p^{(n-1)}(\rho_i) = f^{(n-1)}(\rho_i) \quad (i = 1, 2, \cdots, s) \quad (1)$$
从而 $p(\boldsymbol{A}) = f(\boldsymbol{A})$, 其中 ρ_i 为 $\boldsymbol{A}$ 的不同特征根. 实际上, 假设 $k_1, \cdots, k_s$ 分别为 $\rho_1, \cdots, \rho_s$ 对应的初等因子次数最大者, 为了确定 $f(\boldsymbol{A})$, 依据定义 2, 我们仅需 $f(\lambda)$ 及其适当高阶的导数在点 $\rho_1, \cdots, \rho_s$ 上的值. 因此式(1)可简化为
$$p(\rho_i) = f(\rho_i), p'(\rho_i) = f'(\rho_i), \cdots,$$
$$p^{(k_i-1)}(\rho_i) = f^{(k_i-1)}(\rho_i) \quad (i = 1, 2, \cdots, s) \quad (2)$$
由上式及 $p(\boldsymbol{A}), f(\boldsymbol{A})$ 的定义, 易知 $f(\boldsymbol{A}) = p(\boldsymbol{A})$.

5.4.2 微分方程组 $\dfrac{\mathrm{d}\boldsymbol{x}}{\mathrm{d}t} = \boldsymbol{A}\boldsymbol{x}$ ($\boldsymbol{A}$ 是 n 阶常数方阵)

定理 1 设 $m(\lambda) = (\lambda - \rho_1)^{k_1} (\lambda - \rho_2)^{k_2} \cdots (\lambda - \rho_s)^{k_s}$ ($\sum_{i=1}^{s} k_i = k$) 是 $\boldsymbol{A}$ 的最小多项式
$$p(\lambda) = \sum_{j=0}^{k-1} \alpha_j(t) \lambda^j \quad (3)$$
其中 $\alpha_j(t)$ ($j = 0, 1, \cdots, k-1$) 由方程组

Hamilton – Cayley 定理

$$\begin{cases} e^{\rho_{it}} = p(\lambda)|_{\lambda=\rho_{it}} \\ e^{\rho_{it}} = \dfrac{d}{d\lambda}p(\lambda)|_{\lambda=\rho_{it}} \\ \vdots \\ e^{\rho_{it}} = \dfrac{d^{(k_i-1)}}{dt^{(k_i-1)}}p(\lambda)|_{\lambda=\rho_{it}} \end{cases} \quad (i=1,2,\cdots,s) \quad (4)$$

决定,则式(3)的基解矩阵可表示成

$$\exp t = \sum_{j=0}^{k-1} \alpha_j(t) \boldsymbol{A}^j t^j \quad (5)$$

证明 设 ρ_i 是 $\boldsymbol{A}$ 的 n_i 重特征根 $(i=1,2,\cdots,s)$,$\boldsymbol{A}$ 的最小多项式

$$m(\lambda) = \lambda^k + c_{k-1}\lambda^{k-1} + \cdots + c_1\lambda + c_0$$

则 ρ_{it} 是 $\boldsymbol{A}t$ 的 n_i 重特征根 $(i=1,2,\cdots,s)$,$\boldsymbol{A}t$ 的最小多项式为

$$\overline{m}(\lambda) = \lambda^k + c_{k-1}t\lambda^{k-1} + \cdots + c_1 t^{k-1}\lambda + c_0 t^k$$

简记为

$$\overline{m}(\lambda) = \lambda^k + c_{k-1}(t)\lambda^{k-1} + \cdots + c_1(t)\lambda + c_0(t)$$

于是

$$(\boldsymbol{A}t)^k + c_{k-1}(t)(\boldsymbol{A}t)^{k-1} + \cdots + c_1(t)\boldsymbol{A}t + c_0(t)\boldsymbol{E} = 0 \quad (6)$$

故

$$(\boldsymbol{A}t)^k = -c_0(t)\boldsymbol{E} - c_1(t)\boldsymbol{A}t - \cdots - c_{k-1}(t)(\boldsymbol{A}t)^{k-1}$$

由此可知,任一 $(\boldsymbol{A}t)^m (m \geq k)$ 均可表示成次数不高于 $k-1$ 的 $\boldsymbol{A}t$ 的矩阵多项式,因而可以预料

$$\exp \boldsymbol{A}t = \sum_{i=0}^{\infty} \frac{(\boldsymbol{A}t)^i}{i!} = \sum_{j=0}^{k-1} \alpha_j(t)(\boldsymbol{A}t)^j$$

其中 $\alpha_j(t)(j=0,1,\cdots,k-1)$ 为 t 的特定函数,取决于 A 的值,即 $\exp At$ 可表示成 At 的次数不高于 $k-1$ 的矩阵多项式.

设 $p(\lambda) = \sum_{j=0}^{k-1} \alpha_j(t)\lambda^j$,其中 $\alpha_j(t)(j=0,1,\cdots,k-1)$ 由式(4)决定. 注意到对于数值函数 e^λ 及矩阵 At,式(4)即为 5.2.1 中式(2),由 5.2.1 的说明可知,$p(At) = \exp At$,故定理成立.

5.4.3 结论

参考文献[10],[11]中介绍的三种依据线性代数中哈密尔顿–凯莱定理所证明的计算 $\exp At$ 的方法,其特点是不需事先知道 A 的 Jordan 标准形 J 及化 A 为 J 的非奇异矩阵 T,但必须计算 n 阶线性微分方程(组)或线性代数方程组. 因为除了非减次矩阵,其他 n 阶矩阵 A 的最小多项式 $m(\lambda)$ 的次数 k 总是小于 n 的(见参考文献[12]),故当 A 的最小多项式较易求出时,采用本文的定理计算 $\exp At$,则所需求解的线性代数方程(组)的阶数降低,这可使计算变得简单.

例1 试求 $\dfrac{\mathrm{d}\boldsymbol{x}}{\mathrm{d}t} = \boldsymbol{A}\boldsymbol{x}$ 的基解矩阵 At,其中

$$\boldsymbol{x} = \begin{pmatrix} x_1 \\ x_2 \\ x_3 \end{pmatrix}, \boldsymbol{A} = \begin{pmatrix} 1 & 1 & 1 \\ 1 & 1 & 1 \\ 1 & 1 & 1 \end{pmatrix}$$

解 A 的特征方程为 $\lambda^2(\lambda-3)=0$,特征根为 $\lambda_1=0$(二重根),$\lambda_2=3$(单根).

Hamilton – Cayley 定理

A 的最小多项式为 $m(\lambda) = \lambda(\lambda - 3)$.

设 $p(\lambda) = \alpha_0(t) + \alpha_1(t)\lambda$，解方程组

$$\begin{cases} p(0) = e^0 \\ p(3t) = e^{3t} \end{cases}$$

即

$$\begin{cases} \alpha_0(t) = 1 \\ \alpha_0(t) + \alpha_1(t)3t = e^{3t} \end{cases}$$

得

$$\alpha_0(t) = 1, \alpha_1(t) = \frac{e^{3t} - 1}{3t}$$

$$\exp At = E + \frac{e^{3t} - 1}{3t} At$$

$$= \begin{pmatrix} 1 & 0 & 0 \\ 0 & 1 & 0 \\ 0 & 0 & 1 \end{pmatrix} + \frac{e^{3t} - 1}{3} \begin{pmatrix} 1 & 1 & 1 \\ 1 & 1 & 1 \\ 1 & 1 & 1 \end{pmatrix}$$

$$= \begin{pmatrix} \frac{1}{3}e^{3t} + \frac{2}{3} & \frac{1}{3}e^{3t} - \frac{1}{3} & \frac{1}{3}e^{3t} - \frac{1}{3} \\ \frac{1}{3}e^{3t} - \frac{1}{3} & \frac{1}{3}e^{3t} + \frac{2}{3} & \frac{1}{3}e^{3t} - \frac{1}{3} \\ \frac{1}{3}e^{3t} - \frac{1}{3} & \frac{1}{3}e^{3t} - \frac{1}{3} & \frac{1}{3}e^{3t} + \frac{2}{3} \end{pmatrix}$$

易见这比用其他方法计算要简便一些.

第 5 章 进一步的讨论

5.5 A Further Generalization of the Hamilton – Cayley Theorem[①]

5.5.1 Introduction

It was proved by Hamilton and Cayley that every square matrix X, say of order n, satisfies its characteristic equation $\text{Det}(Ix - X) = 0$, where x is a variable and I denotes the unit matrix of order n. Later it was shown by Frobenius that there exists a minimum polynomial, which is obtained by dividing the characteristic polynomial by the greatest common divisor of the $(n-1)$-rowed minors of the characteristic matrix $F(x) = Ix - X$, such that every polynomial in which has X as a root is divisible by the minimum polynomial.

A generalisation of the Hamilton – Cayley theorem was given by H. B. Phillips[②], who proved that if $A_1, \cdots, A_m$ are square matrices of order n, and if the linear homogeneous function $F(x_1, \cdots, x_m) = A_1 x_1 + \cdots + A_m x_m$ of the variables $x_1, \cdots, x_m$ (which, to avoid ambiguity, are always written to the right of the coefficients) is annulled by

---

① 摘编自 J. London Math. Soc. ,1940,15(3),153-158.
② Phillips, H. B. American J. of Math. ,41(1919),266-278.

a set of pairwise commutative square matrices $X_1, \cdots, X_m$ of order n

$$F(X_1, \cdots, X_m) = 0$$

then, denoting the determinant of $F(x_1, \cdots, x_m)$ by $f(x_1, \cdots, x_m)$, we have

$$f(X_1, \cdots, X_m) = 0$$

Assuming that one of the A's is non-singular, Ostrowski[①] showed that Frobenius' theorem can be generalized to Phillips' case, with a result which can be stated in the following way: There also exists a minimum polynomial which is obtained by dividing $f(x_1, \cdots, x_m)$ by the greatest common divisor of the $(n-1)$-rowed minors of $F(x_1, \cdots, x_m)$. If a set of pairwise commutative X's annuls $F(x_1, \cdots, x_m)$, it not only annuls $f(x_1, \cdots, x_m)$ (Phillips' theorem) but also annuls the minimum polynomial; and conversely, if a polynomial in $x_1, \cdots, x_m$ is annulled by every set of such X's that annuls $F(x_1, \cdots, x_m)$, this polynomial is divisible by the minimum polynomial.

We here give a further generalization of the Hamilton – Cayley theorem and its converse. We suppose that $F(x_1, \cdots, x_m)$ is not necessarily linear in $x_1, \cdots, x_m$ but is a general polynomial of the form

---

① Ostrowski, A. Quart. J. of Math. (Oxford), 10 (1939), 1-4.

第 5 章 进一步的讨论

$$F(x_1,\cdots,x_m) = \sum_1 A_{i_1\cdots i_m} x_1^{i_1}\cdots x_m^{i_m} \qquad (1)$$

where the A's are n-th order square matrices with elements lying in a certain field K, and where $\sum_1$ sums i_1 for a certain range of non-negative integers, i_2 for another range of non-negative integers, and so on.

If we denote the determinant of (1) by $f(x_1,\cdots,x_m)$, we prove in 5.3.2.

Theorem 1 If $X_1,\cdots,X_m$ are pairwise commutative matrices of order n whose elements lie in K or in any extension of K, and are such that

$$F(X_1,\cdots,X_m) = 0 \qquad (2)$$

then

$$f(X_1,\cdots,X_m) = 0 \qquad (3)$$

If the elements of the matrix (1) have a common factor in $x_1,\cdots,x_m$, we remove it from the beginning, perhaps at the expense of extending the original field K. Let the matrix adjoint to $F(x_1,\cdots,x_m)$ be denoted by $F^*(x_1,\cdots,x_m)$. If the greatest common divisor of the elements of this adjoint matrix is denoted by $\varphi(x_1,\cdots,x_m)$, the latter evidently divides the determinant $f(x_1,\cdots,x_m)$

$$f(x_1,\cdots,x_m) = \varphi(x_1,\cdots,x_m) f_1(x_1,\cdots,x_m) \qquad (4)$$

giving a quotient $f_1(x_1,\cdots,x_m)$ which is the analogue of the minimum polynomial. The coefficients appearing in $\varphi(x_1,\cdots,x_m), f_1(x_1,\cdots,x_m)$ may belong to an extension of K or to K itself.

We next prove

Theorem 2 For the X's of Theorem 1 we have not only (3) but also
$$f_1(X_1,\cdots,X_m)=0 \qquad (5)$$

Conversely we prove

Theorem 3 Let us specialise $F(x_1,\cdots,x_m)$ to be of the form
$$F(x_1,\cdots,x_m)=Ax_1+G(x_2,\cdots,x_m) \qquad (6)$$
where $G(x_2,\cdots,x_m)$ is a matrix free from x_1, and A is a non-singular matrix with elements independent of $x_1,\cdots,x_m$. Let $p(x_1,\cdots,x_m)$ be a polynomial with coefficients lying in a field where K' is either K itself or an extension of K. If $p(x_1,\cdots,x_m)$ is annulled by those sets of pairwise commutative matrices $X_1,\cdots,X_m$ that annul (6) and whose elements lie in K', then
$$f_1(x_1,\cdots,x_m)\mid p(x_1,\cdots,x_m) \qquad (7)$$
the division being carried out in a sufficiently high extension of K.

Finally we give in 5.3.3 a few examples which illustrate that the converse theorem (Theorem 3) need not be true if F is not the special form (6).

5.5.2 Proof of Theorems 1,2,3

The proof of Theorem 1 which we give here is similar

to MacDuffee's proof[①] for the case of a single variable. Put

$$F^*(x_1,\cdots,x_m) = \sum_2 B_{j_1\cdots j_m} x_1^{j_1}\cdots x_m^{j_m} \qquad (8)$$

$$f(x_1,\cdots,x_m) = \sum_3 c_{k_1\cdots k_m} x_1^{k_1}\cdots x_m^{k_m} \qquad (9)$$

where the B's are matrices whose elements lie in K, the c's are simply numbers in K, and $\sum_2$, $\sum_3$ are certain summations. Then from the identity

$$f(x_1,\cdots,x_m)I \equiv F^*(x_1,\cdots,x_m)F(x_1,\cdots,x_m) \qquad(10)$$

which can be written

$$\sum_3 c_{k_1\cdots k_m} x_1^{k_1}\cdots x_m^{k_m} I \equiv \sum_2 \sum_1 B_{j_1\cdots j_m} A_{i_1\cdots i_m} x_1^{j_1+i_1}\cdots x_m^{j_m+i_m}$$

$$(11)$$

we have by equating coefficients

$$c_{k_1\cdots k_m} I = \sum{}' B_{j_1\cdots j_m} A_{i_1\cdots i_m} \qquad(12)$$

where $\sum'$ sums those values of the j's and the i's in $\sum_2$ and $\sum_1$ respectively such that $j_1+i_1=k_1$, $j_2+i_2=k_2$, and so on.

Multiplying the two sides of (12) from the right by $X_1^{k_1}\cdots X_m^{k_m}$ and summing with respect to $\sum_3$ we obtain, since the X's are mutually commutative

---

① MacDuffee, C. C. The theory of matrices (Berlin, 1933), 18.

$$f(X_1,\cdots,X_m) = \sum_{2} B_{j_1\cdots j_m} F(X_1,\cdots,X_m) X_1^{j_1}\cdots X_m^{j_m}$$

(13)

from which (3) follows as a consequence of (2). Thus Theorem 1 is proved.

If the elements of $\boldsymbol{F}^*(x_1,\cdots,x_m)$ have a greatest common divisor $\varphi(x_1,\cdots,x_m)$, put

$$\boldsymbol{F}^*(x_1,\cdots,x_m) = \varphi(x_1,\cdots,x_m)\boldsymbol{F}_1^*(x_1,\cdots,x_m)$$

(14)

the elements of the new matrix $\boldsymbol{F}_1^*(x_1,\cdots,x_m)$, being relatively prime.

Removing the factor $\varphi(x_1,\cdots,x_m)$ from the two sides of the identity (10) we obtain

$$f_1(x_1,\cdots,x_m) \equiv \boldsymbol{F}_1^*(x_1,\cdots,x_m)\boldsymbol{F}(x_1,\cdots,x_m) \quad (15)$$

Beginning with (15) instead of (10), we can prove Theorem 2 in exactly the same way as we proved Theorem 1.

To prove Theorem 3 let us first divide the matrix $p(x_1,\cdots,x_m)\boldsymbol{I}$ by the matrix (6) according to powers of x_1. Since by hypothesis (6) is of the first degree in x_1 whose coefficient $\boldsymbol{A}$ is a constant non-singular matrix, the division process gives

$$p(x_1,\cdots,x_m)\boldsymbol{I} \equiv \boldsymbol{Q}(x_1,\cdots,x_m)\boldsymbol{F}(x_1,\cdots,x_m) + \boldsymbol{R}(x_2,\cdots,x_m)$$

(16)

where $\boldsymbol{Q}(x_1,\cdots,x_m)$ and $\boldsymbol{R}(x_2,\cdots,x_m)$, the latter being independent of x_1, are matrices whose elements involve coefficients which are numbers in K'.

Among the sets of mutually commutative matrices $X_1,\cdots,X_m$ which annul (6), consider the following

$$X_2 = a_2 I,\cdots,X_m = a_m I, X_1 = -A^{-1}G(a_2,\cdots,a_m)$$
(17)

where the a's are arbitrary numbers in any extension of K.

If we replace $x_1,\cdots,x_m$ in (16) by $X_1,\cdots,X_m$ in (17), the left hand side of (16) vanishes by the assumption made in Theorem 3, and it can be verified (see the Remark at the end of this section) that the first term on the right of (16) also vanishes. Hence what remains of (16) after replacement is

$$R(a_2,\cdots,a_m) = 0 \qquad (18)$$

Since the a's are arbitrary numbers in K', it follows that

$$R(x_2,\cdots,x_m) \equiv 0^{①} \qquad (19)$$

and (16) reduces to

$$p(x_1,\cdots,x_m)I \equiv Q(x_1,\cdots,x_m)F(x_1,\cdots,x_m) \quad (20)$$

If we multiply the two sides of (20) from the right by $F_1^*(x_1,\cdots,x_m)$ we get

$$p(x_1,\cdots,x_m)F_1^*(x_1,\cdots,x_m)$$

---

① This is always true for a field of characteristic zero, and is also true for a finite field provided that the degrees of the variables in the polynomial (or polynomials) in question are each less than the characteristic of the field.

$$\equiv Q(x_1,\cdots,x_m)F(x_1,\cdots,x_m)F_1^*(x_1,\cdots,x_m) \quad (21)$$

Since $F(x_1,\cdots,x_m)$ and its reduced adjoint $F_1^*(x_1,\cdots,x_m)$ are commutative matrices, (21) is reducible on account of (15) to

$$p(x_1,\cdots,x_m)F_1^*(x_1,\cdots,x_m)$$
$$\equiv f_1(x_1,\cdots,x_m)Q(x_1,\cdots,x_m) \quad (22)$$

Since the elements of $F_1^*(x_1,\cdots,x_m)$ are relatively prime, it follows from (22) that

$$f_1(x_1,\cdots,x_m)\mid p(x_1,\cdots,x_m) \quad (23)$$

the division being carried out in that extension of K which comprises $K^{\cdot}$ and the field in which the factorizations (4), (14) take place. Hence Theorem 3 is proved.

Remark To see that the first term on the right of (16) vanishes after replacement, let

$$Q(x_1,\cdots,x_m) = \sum_4 D_{\rho_1\cdots\rho_m} x_1^{\rho_1}\cdots x_m^{\rho_m}$$

where the D's are matrices and $\sum_4$ is a special summation. Then

$$Q(x_1,\cdots,x_m)F(x_1,\cdots,x_m)$$
$$= \sum_4 \sum_1 D_{\rho_1\cdots\rho_m} A_{i_1\cdots i_m} x_1^{\rho_1+i_1}\cdots x_m^{\rho_m+i_m}$$

which becomes after replacement

$$\sum_4 \sum_1 D_{\rho_1\cdots\rho_m} A_{i_1\cdots i_m} X_1^{\rho_1+i_m}\cdots X_m^{\rho_m+i_m}$$
$$= \sum_4 D_{\rho_1\cdots\rho_m} \left(\sum_1 A_{i_1\cdots i_m} X_1^{i_1}\cdots X_m^{i_m}\right) X_1^{\rho_1}\cdots X_m^{\rho_m}$$
$$= \sum_4 D_{\rho_1\cdots\rho_m} F(X_1,\cdots,X_m) X_1^{\rho_1}\cdots X_m^{\rho_m} = 0$$

5.5.3 Illustrations

Among matrices $F(x_1,\cdots,x_m)$ which are not of the special form (6), there of course exist some for which Theorem 3 also holds good, but we can easily find others for which it is not true as can be seen from the following examples which, for the sake of simplicity, are confined to square matrices of order two ($n=2$).

Example 1 For the case of a single variable ($m=1$) take

$$F(x) = \begin{pmatrix} 1 & 0 \\ 0 & 1 \end{pmatrix} x^2 + \begin{pmatrix} 0 & 0 \\ 1 & 0 \end{pmatrix} x + \begin{pmatrix} -1 & 0 \\ 1 & 0 \end{pmatrix} = \begin{pmatrix} x^2-1 & 0 \\ x+1 & x^2 \end{pmatrix} \quad (24)$$

which is not linear in x and so not of the form (6).

The roots of $F(x)=0$ are

$$X = \begin{pmatrix} -1 & 0 \\ -2 & 0 \end{pmatrix}, \begin{pmatrix} -1 & 0 \\ 0 & 0 \end{pmatrix}, \begin{pmatrix} -1 & -1 \\ 0 & 1 \end{pmatrix} \quad (25)$$

Moreover we find

$$f(x) = f_1(x) = x^2(x+1)(x-1) \quad (26)$$

Now it can easily be verified that the polynomial

$$p(x) = x(x+1)(x-1) \quad (27)$$

is annulled by the three matrices in (25), but is not divisible by $f_1(x)$.

Example 2 For the case of two variables take

$$F(x,y) = \begin{pmatrix} 0 & 0 \\ 1 & 0 \end{pmatrix} x + \begin{pmatrix} 1 & 0 \\ 0 & 0 \end{pmatrix} y + \begin{pmatrix} 0 & 1 \\ 0 & 1 \end{pmatrix} y^2 = \begin{pmatrix} y & y^2 \\ x & y^2 \end{pmatrix} \quad (28)$$

which is linear in x but the corresponding coefficient is a singular matrix, and so $F(x,y)$ is not of the form (6).

It can be found by calculation that all the commutative roots of $F(x,y)=0$ are contained in the following five pairs

$$\begin{cases} X = \begin{pmatrix} 0 & 0 \\ c & d \end{pmatrix}, \begin{pmatrix} 0 & 0 \\ c & 0 \end{pmatrix}, \begin{pmatrix} a & 0 \\ c & a+ac \end{pmatrix}, \begin{pmatrix} a & b \\ -1 & 0 \end{pmatrix}, \\ \quad \begin{pmatrix} \dfrac{-cd}{(c+1)} & \dfrac{-d^2}{(c+1)} \\ c & d \end{pmatrix} \\ Y = \begin{pmatrix} 0 & 0 \\ 0 & 0 \end{pmatrix}, \begin{pmatrix} 0 & 0 \\ \gamma & 0 \end{pmatrix}, \begin{pmatrix} a & 0 \\ -1 & 0 \end{pmatrix}, \begin{pmatrix} a & b \\ -1 & 0 \end{pmatrix}, \\ \quad \begin{pmatrix} \dfrac{-cd}{(c+1)} & \dfrac{-d^2}{(c+1)} \\ c & d \end{pmatrix} \end{cases} \quad (29)$$

where letters can assume arbitrary values, $c \neq -1$ in the last pair.

We find
$$f(x,y) = f_1(x,y) = y^2(y-x) \quad (30)$$
But the polynomial
$$p(x,y) = y(y-x) \quad (31)$$
is annulled by the five pairs of matrices in (29) without being divisible by $f_1(x,y)$.

National Szechuen University,
China.

哈密尔顿 - 凯莱定理的另一证法

设 $A \in \mathbb{C}^{n \times n}$,其特征多项式为
$$\varphi(\lambda) = \det(\lambda I - A)$$
$$= \lambda^n + a_1 \lambda^{n-1} + a_2 \lambda^{n-2} + \cdots + a_{n-1}\lambda + a_n$$
矩阵 A 与其特征多项式之间有如下重要的关系.

定理 1(哈密尔顿 - 凯莱) 设 $A \in \mathbb{C}^{n \times n}, \varphi(\lambda) = \det(\lambda I - A)$,则 $\varphi(A) = 0$.

证明 设 J 为 A 的 Jordan 标准形,则存在可逆矩阵 P,使

$$P^{-1}AP = J = \begin{pmatrix} \lambda_1 & k_1 & & & & & \\ & \lambda_2 & \ddots & & & & \\ & & \ddots & k_i & & & \\ & & & \lambda_{i+1} & \ddots & & \\ & & & & \ddots & k_{n-1} & \\ & & & & & & \lambda_n \end{pmatrix}$$

其中 $\lambda_1, \cdots, \lambda_n$ 为 A 的特征值,它们之中可以有相同者;k_i 为 1 或 $0, i = 1, \cdots, n-1$,有
$$A = PJP^{-1}$$

Hamilton – Cayley 定理

于是
$$\varphi(\lambda) = \det(\lambda I - A)$$
$$= (\lambda - \lambda_1)(\lambda - \lambda_2)\cdots(\lambda - \lambda_n)$$

从而
$$\varphi(A) = (A - \lambda_1 I)(A - \lambda_2 I)\cdots(A - \lambda_n I)$$
$$= (PJP^{-1} - \lambda_1 I)(PJP^{-1} - \lambda_2 I)\cdots(PJP^{-1} - \lambda_n I)$$
$$= P(J - \lambda_1 I)(J - \lambda_2 I)\cdots(J - \lambda_n I)P^{-1}$$
$$= P\begin{pmatrix} 0 & k_1 & & & \\ & \lambda_2 - \lambda_1 & k_2 & & \\ & & \ddots & \ddots & \\ & & & \ddots & k_{n-1} \\ & & & & \lambda_n - \lambda_1 \end{pmatrix} \cdot$$
$$\begin{pmatrix} \lambda_1 - \lambda_2 & k_1 & & & \\ & 0 & k_2 & & \\ & & \ddots & \ddots & \\ & & & \ddots & k_{n-1} \\ & & & & \lambda_n - \lambda_2 \end{pmatrix} \cdot \cdots \cdot$$
$$\begin{pmatrix} \lambda_1 - \lambda_n & k_1 & & \\ & \ddots & \ddots & \\ & & \lambda_{n-1} - \lambda_n & k_{n-1} \\ & & & 0 \end{pmatrix} P^{-1}$$

附录 哈密尔顿-凯莱定理的另一证法

$$= P \cdot \begin{pmatrix} 0 & 0 & * & \cdots & * \\ 0 & 0 & * & \cdots & * \\ \vdots & \vdots & * & & \vdots \\ \vdots & \vdots & & \ddots & \vdots \\ 0 & 0 & & & * \end{pmatrix} \cdot$$

$$\begin{pmatrix} \lambda_1 - \lambda_3 & k_1 & & & & \\ & \lambda_2 - \lambda_3 & k_2 & & & \\ & & 0 & & & \\ & & & \ddots & \ddots & \\ & & & & \lambda_{n-1} - \lambda_3 & k_{n-1} \\ & & & & & \lambda_n - \lambda_3 \end{pmatrix} \cdot \cdots \cdot$$

$$\begin{pmatrix} \lambda_1 - \lambda_n & k_1 & & & & \\ & \lambda_2 - \lambda_n & k_2 & & & \\ & & \lambda_3 - \lambda_n & & & \\ & & & \ddots & \ddots & \\ & & & & \lambda_{n-1} - \lambda_n & k_{n-1} \\ & & & & & 0 \end{pmatrix} \cdot P^{-1}$$

$= 0$

由哈密尔顿-凯莱定理可以简化矩阵计算.

例1 设 $A = \begin{pmatrix} 0 & 1 & 0 & 0 \\ 0 & 0 & 1 & 0 \\ 0 & 0 & 0 & 1 \\ 1 & 0 & 0 & 0 \end{pmatrix}$,求 $A^{10} - A^6 + 8A$.

解 $\varphi(\lambda) = \det(\lambda I - A) = \lambda^4 - 1.$

Hamilton – Cayley 定理

由哈密尔顿 – 凯莱定理 $\varphi(A) = A^4 - I_4 = 0$,因此 $A^{10} - A^6 + 8A = A^6(A^4 - I_4) + 8A = 8A$.

例2 设 $A = \begin{pmatrix} -1 & 1 & 0 \\ -4 & 3 & 0 \\ 1 & 0 & 2 \end{pmatrix}$,计算

$$A^5 - 4A^4 + 6A^3 - 6A^2 + 6A - 3I$$

解 可得

$$\varphi(\lambda) = \det(\lambda I - A)$$
$$= (\lambda - 1)^2 (\lambda - 2)$$
$$= \lambda^3 - 4\lambda^2 + 5\lambda - 2$$

令 $f(\lambda) = \lambda^5 - 4\lambda^4 + 6\lambda^3 - 6\lambda^2 + 6\lambda - 3$

容易求得

$$f(\lambda) = (\lambda^2 + 1)\varphi(\lambda) + \lambda - 1$$

由于 $\varphi(A) = 0$

故 $f(A) = A - I = \begin{pmatrix} -2 & 1 & 0 \\ -4 & 2 & 0 \\ 1 & 0 & 1 \end{pmatrix}$

定义1 设 $A \in \mathbf{C}^{n \times n}$, $f(\lambda)$ 是 λ 的多项式,若 $f(A) = 0$,则称 $f(\lambda)$ 为 A 的化零多项式.

A 的化零多项式一定存在,A 的特征多项式就是一个. 显然 $f(\lambda)$ 若是 A 的化零多项式,则对任意的多项式 $g(\lambda)$,$f(\lambda)g(\lambda)$ 也是 A 的化零多项式,可见 A 的化零多项式无最高次数,因此我们所关心的是是否存在比 $\varphi(\lambda)$ 次数低的化零多项式.

定义2 设 $A \in \mathbf{C}^{n \times n}$,在 A 的化零多项式中,次数

附录 哈密尔顿-凯莱定理的另一证法

最低的首 1 多项式称为 A 的最小多项式,记为 $m_A(\lambda)$.

定理 2 A 的最小多项式 $m_A(\lambda)$ 整除 A 的任一化零多项式,特别有 $m_A(\lambda) \mid \varphi(\lambda)$,且最小多项式唯一.

定理 3 相似矩阵有相同的最小多项式.

证明 设 $A \sim B, A, B \in \mathbf{C}^{n \times n}$,则 $\exists P \in \mathbf{C}_n^{n \times n}$,使
$$B = P^{-1}AP, A = PBP^{-1}$$
因此,对任给的多项式 $f(\lambda)$ 总有
$$f(B) = P^{-1}f(A)P, f(A) = Pf(B)P^{-1}$$
因此 A, B 有相同的化零多项式,因此 A, B 有相同的最小多项式.

由最小多项式还可以判断矩阵是否相似对角化,事实上有以下的结论:n 阶方阵相似于对角阵的充分必要条件是它的最小多项式无重根. 最小多项式是它的第 n 个不变因子.

定理 4 设 $\lambda_1, \lambda_2, \cdots, \lambda_s$ 是 n 阶方阵 A 的互异特征值,则
$$m_A(\lambda) = (\lambda - \lambda_1)^{q_1} \cdots (\lambda - \lambda_i)^{q_i} \cdots (\lambda - \lambda_s)^{q_s}$$
其中 q_i 是 A 的 Jordan 标准形的 Jordan 块 J_i 中,子块 J_{ip} 里 $J_{i1}, \cdots, J_{ir_i}$ 中阶数最高者,$i = 1, 2, \cdots, s$.

关于最小多项式,还有以下结论:

对于 Jordan 子块 J_{ip},它的最小多项式为 $(\lambda - \lambda_i)^{n_{ip}}$,对于分块对角阵 $A = \mathrm{diag}(A_1, \cdots, A_i, \cdots, A_s)$,它的最小多项式等于 $A_1, \cdots, A_i, \cdots, A_s$ 的最小多项式的最小公倍式.

Hamilton – Cayley 定理

定理 2,定理 3,定理 4 给出了求矩阵 A 的最小多项式的方法.

例 3 求 $A = \begin{pmatrix} -1 & -2 & 6 \\ -1 & 0 & 3 \\ -1 & -1 & 4 \end{pmatrix}$ 的最小多项式.

解 方法一:经计算
$$\varphi(\lambda) = \det(\lambda I - A) = (\lambda - 1)^3$$

由定理 2
$$m_A(\lambda) \mid \varphi(\lambda)$$

所以 $m_A(\lambda)$ 只能为
$$\lambda - 1, (\lambda - 1)^2, (\lambda - 1)^3$$

经验证
$$A - I \neq O, (A - I)^2 = O$$

故
$$m_A(\lambda) = (\lambda - 1)^2 = \lambda^2 - 2\lambda + 1$$

方法二:A 的 Jordan 标准形为 $J = \begin{pmatrix} 1 & 0 & 0 \\ 0 & 1 & 1 \\ 0 & 0 & 1 \end{pmatrix}$.

对 $\lambda = 1$ 有两个子块,由定理 4
$$m_A(\lambda) = (\lambda - 1)^2 = \lambda^2 - 2\lambda + 1$$

矩阵的特征多项式,最小多项式与 Jordan 标准形有着密切的关系.

设 $\lambda_1, \cdots, \lambda_i, \cdots, \lambda_s$ 是 A 的互异特征值,$\varphi(\lambda)$,$m_A(\lambda)$ 分别为 A 的特征多项式与最小多项式,则
$$\varphi(\lambda) = (\lambda - \lambda_1)^{n_1} \cdots (\lambda - \lambda_i)^{n_i} \cdots (\lambda - \lambda_s)^{n_s}$$
$$m_A(\lambda) = (\lambda - \lambda_1)^{q_1} \cdots (\lambda - \lambda_i)^{q_i} \cdots (\lambda - \lambda_s)^{q_s}$$

这里 $q_i \leqslant n_i (i=1,2,\cdots,s)$.

由定理 4 可以得到下面两种特殊情况：

1. 不降阶矩阵

A 的特征多项式就是它的最小多项式，此时
$$q_i = n_i \quad (i=1,2,\cdots,s)$$
由此
$$n_i = q_i = \max\{n_{i1},\cdots,n_{ip},\cdots,n_{ir_i}\} \leqslant \sum_{p=1}^{r_i} n_{ip} = n_i$$
故 $r_i = 1$，即 Jordan 标准形中对应于特征值 λ_i 的 J_i 只有自身一个子块. 由于每个特征子空间都是一维的，故 A 仅有 s 个线性无关的特征向量，称这种矩阵为不降阶矩阵.

设 A 是不降阶矩阵，且 A 的特征多项式为
$$\varphi(\lambda) = \lambda^n + a_1 \lambda^{n-1} + \cdots + a_{n-1}\lambda + a_n$$
记
$$A_c = \begin{pmatrix} 0 & 1 & & & \\ & 0 & \ddots & & \\ & & & \ddots & \\ & & & 0 & 1 \\ -a_n & \cdots & & -a_2 & -a_1 \end{pmatrix}$$

$$A_c^{\mathrm{T}} = \begin{pmatrix} 0 & & & & -a_n \\ 1 & & & & -a_{n-1} \\ & \ddots & \ddots & & \vdots \\ & & & 0 & -a_2 \\ & & & 1 & -a_1 \end{pmatrix}$$

则称 A_c 或 A_c^T 为 A 的友阵，A_c 称为 A 的相伴标准形，且有以下的结论：

A 与相伴标准形 A_c（或 A_c^T）相似的充分必要条件是它的特征多项式与最小多项式相等，即 $\varphi(\lambda) = m_A(\lambda)$.

2. 单纯矩阵

$r_i = n_i, i = 1, \cdots, s$，此时 $n_{ip} = 1, p = 1, \cdots, r_i$，即 J_i 有 q_i 个 Jordan 子块 J_{ip}，而每个 Jordan 子块 J_{ip} 全是一阶方阵，因而 J 是对角阵，这时该矩阵为单纯矩阵，它的最小多项式为

$$m_A(\lambda) = (\lambda - \lambda_1) \cdots (\lambda - \lambda_i) \cdots (\lambda - \lambda_s)$$

利用矩阵分析一个向量序列的收敛性

中国人民公安大学信息技术与网络安全学院的管涛和北京市第四中学数学组范兴亚两位老师 2017 年研究了这样一个有趣的数学游戏：一个正方形，画出它的中点正方形；再画出新正方形的中点正方形，依此类推，会生成一个漂亮的图案，如果在原正方形的四个顶点处随意各写一个自然数，将相邻顶点处的自然数相减（用较大的数减较小的数，若两数相等，则差为 0，称这种运算为相邻做差运算），计算结果写在每条边的中点；依此类推.

例如：最先写下 2,12,15,18,运算 1 次后得到 10,3,7,6,运算 2 次后得到 7,4,1,4,运算 3 次后得到 3,

3,3,3,3,运算 4 次后得到 0,0,0,0. 如下图：

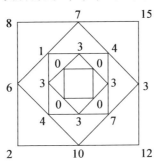

如果我们重复几次这样的游戏，就会发现不管开始写下什么数，似乎最后总会化为 0. 因此可以猜想对于正方形进行相邻做差运算，最终一定会化为四个数都是 0 的状态. 这一猜想是否正确？如果把正方形换成正 n 边形，又会有什么样的结论呢？

更一般的，我们可以借助向量序列的概念来描述这一问题.

问题 1 如下定义 n 维向量序列，$\boldsymbol{\alpha}_1 = (a_{11}, a_{12}, \cdots, a_{1n})$ 中的元素都是自然数，当 $i \geqslant 2$ 时，向量 $\boldsymbol{\alpha}_i = (a_{i1}, a_{i2}, \cdots, a_{in})$ 中的元素 $a_{ij} = |a_{i-1,j} - a_{i-1,j+1}|$，其中规定 $a_{i-1,n+1} = a_{i-1,1}$. 在上述定义下，向量 $\boldsymbol{\alpha}_i$ 是否会收敛到零向量？

换句话说，令 $\max\{a_{i1}, a_{i2}, \cdots, a_{in}\} = A_i$，数列 $\{A_i\}$ 是否会在有限步之内收敛到零？答案是否定的，但是我们可以得到如下的性质.

性质 1 $\{A_i\}$ 极限一定存在，可设其为 A，而且必定在有限步内收敛到其极限值 A.

Hamilton – Cayley 定理

证明 根据定义易知 $A_i \leqslant A_{i-1}$，也就是数列 $\{A_i\}$ 单调减（非严格单调减），又因为 $\{A_i\}$ 非负，根据单调有界准则[1]，$\{A_i\}$ 必有极限值 A. 又因为任意 a_{ij} 都不大于 A_1，因此向量 $\boldsymbol{\alpha}_i$ 只有有限多种不同的形式，迟早会进入周期循环状态，那就是说 $\{A_i\}$ 必定会在有限步之内达到 A 并在之后保持恒定. 即存在某个下标 k，当 $i \geqslant k$ 时，A_i 恒等于 A. 证毕.

但是 A 并不一定等于零，它也有可能是一个正整数. 例如当 $n = 3$ 时，令 $\boldsymbol{\alpha}_1 = (a_{11}, a_{12}, a_{13}) = (1,1,0)$，那么 $\boldsymbol{\alpha}_2 = (a_{21}, a_{22}, a_{23}) = (0,1,1)$，可看作是 (a_{11}, a_{12}, a_{13}) 中的元素做了一个 3 轮换，如果作为环排列写在正三角形的三个顶点，则等同于 (a_{11}, a_{12}, a_{13})，此后必然是一个周期为 3 的循环状态，所以 $A = 1$. 那么很自然的会想到如下问题.

问题 2 当 n 取何值时 A_i 必然收敛到零.

为解决问题 2，我们需要进行较复杂的推理和分析. 我们已经知道，存在下标 k，使得当 $i \geqslant k$ 时 A_i 恒等于其下限也就是极限值 A. 接下来分析在此之后的向量 $\boldsymbol{\alpha}_i$ 中的元素可以取哪些自然数？

性质 2 当 $i \geqslant k$ 即 A_i 已经达到其下极限 A 时，$a_{i1}, a_{i2}, \cdots, a_{in}$ 只能取 0 或 A.

证明 设当 $i = k$ 时，A_i 已经达到其下极限 A. 那么在 $a_{k+n-1,1}, a_{k+n-1,2}, \cdots, a_{k+n-1,n}$ 中存在至少一个元素等于 A，不妨设 $a_{k+n-1,1} = A$. 逆推回去，$a_{k+n-2,1}$ 和 $a_{k+n-2,2}$ 必然一个是 0 一个是 A，再继续逆推，$a_{k+n-3,1}$，

$a_{k+n-3,2}$ 和 $a_{k+n-3,3}$ 也必须都取值 0 或 A,并且至少有一个是 A. 依此类推,$a_{k1}, a_{k2}, \cdots, a_{kn}$ 全都要取 0 或 A,因此对所有的 $i \geqslant k$ 以及有意义的 j,a_{ij} 都等于 0 或 A. 证毕.

假定 A 为正数,那么不妨设 $A=1$. 为解决问题 2,我们只需对 n 维的 $0-1$ 向量进行讨论,搞清楚当 n 取何值时,任意 $0-1$ 向量一定会在有限步内化为零向量.

由于向量中的方案只取 0 和 1,问题 1 中的递推公式也可以等价的描述为问题 3.

问题 3 如下构造定义在 2 元域 $F_2 = \{0,1\}^{[2]}$ 上的 n 维向量序列. 首先任给 $\boldsymbol{\alpha}_1 = (a_{11}, a_{12}, \cdots, a_{1n})$,当 $i \geqslant 2$ 时,令向量 $\boldsymbol{\alpha}_i = (a_{i1}, a_{i2}, \cdots, a_{in})$ 中的元素 $a_{ij} = a_{i-1,j} + a_{i-1,j+1}$,其中规定 $a_{i-1,n+1} = a_{i-1,1}$. 当维数 n 取何值时,一定存在某个下标 k 使得 $\boldsymbol{\alpha}_k = \mathbf{0}$.

问题 3 也可以用 2 元域 F_2 上的矩阵进行表述,设 n 阶方阵

$$\boldsymbol{B} = \begin{pmatrix} 0 & 1 & 0 & \cdots & 0 \\ 0 & 0 & 1 & \ddots & \vdots \\ \vdots & \vdots & 0 & \ddots & 0 \\ 0 & \vdots & \vdots & \ddots & 1 \\ 1 & 0 & \cdots & 0 & 0 \end{pmatrix}$$

$$\boldsymbol{A} = \boldsymbol{I} + \boldsymbol{B} = \begin{pmatrix} 0 & 1 & 0 & \cdots & 0 \\ 0 & 1 & 1 & \ddots & \vdots \\ \vdots & \vdots & 1 & \ddots & 0 \\ 0 & \vdots & \vdots & \ddots & 1 \\ 1 & 0 & \cdots & 0 & 1 \end{pmatrix}$$

Hamilton–Cayley 定理

都是 F_2 上的矩阵，那么 $\boldsymbol{\alpha}_i^T = A\boldsymbol{\alpha}_{i-1}^T$ 也就是 $\boldsymbol{\alpha}_i^T = A^{i-1}\boldsymbol{\alpha}_1^T$. 由于 $\boldsymbol{\alpha}_1$ 的任意性，问题 3 等价于求解合适的阶数 n，使得矩阵 A 在 F_2 上为幂零矩阵. 或者说，在实数域上存在指数 k 使得 A^k 中所有元素均为偶数.

首先给出一个引理.

引理 1 当 $n = 2^m$ 时，组合数 $C_n^1, C_n^2, \cdots, C_n^{n-1}$ 都是偶数；当 n 不是 2 的幂时，上述组合数中至少有一个奇数.

证略. 读者可自行阅读参考文献[3]中 75 页习题 31 的解答.

借助引理 1 能得到下述结论.

定理 1 当 $n = 2^m$ 时，A 作为 2 元域 F_2 上的矩阵是幂零的，$A^n = 0$.

证明 对任意正整数 k，$A^k = (I + B)^k = \sum_{i=0}^{k} C_k^i B^k$，由归纳法可证明 B^k 中只有位于第 i 行第 $k+i$ 列 ($i = 1, 2, \cdots, n$) 的 n 个元素为 1，其余位置全是零（上述行列指标如果大于矩阵阶数 n，则认为是模 n 的余数）. 例如

$$B^2 = \begin{pmatrix} 0 & 0 & 1 & \cdots & 0 \\ 0 & 0 & 0 & \cdots & \vdots \\ 0 & 0 & 0 & \cdots & 1 \\ 1 & \vdots & \vdots & \ddots & 0 \\ 1 & 0 & \cdots & 0 & 0 \end{pmatrix}$$

附录 哈密尔顿-凯莱定理的另一证法

$$B^{n-1} = \begin{pmatrix} 0 & 0 & 0 & \cdots & 1 \\ 1 & 0 & 0 & \cdots & \vdots \\ 0 & 1 & 0 & \cdots & 0 \\ 0 & \vdots & \vdots & \ddots & 0 \\ 0 & \cdots & 0 & 1 & 0 \end{pmatrix}$$

因此 $A^n = \sum_{i=0}^{n} C_n^i B^k = 2I + \sum_{i=1}^{n-1} C_n^i B^k$,也就是

$$A^n = \begin{pmatrix} 2 & C_n^1 & C_n^2 & \cdots & C_n^{n-1} \\ C_n^{n-1} & 2 & C_n^1 & \cdots & \vdots \\ \vdots & C_n^{n-1} & 2 & \cdots & C_n^2 \\ C_n^2 & \vdots & \vdots & \ddots & C_n^1 \\ C_n^1 & C_n^2 & \cdots & C_n^{n-1} & 2 \end{pmatrix}$$

所有元素均为偶数,因此在 A 是 2 元域 F_2 上的幂零矩阵. 证毕.

由定理 1 容易推出,当 $n = 2^m$ 时,按上述定义的任意 n 维 0-1 向量,至多经过 n 次相邻做差运算就可以得到零向量.再进一步得到下面的性质 3.

性质 3 当 $n = 2^m$ 时,在正 n 边形的每个顶点上随意写一个整数,进行相邻做差运算,经过有限步后一定会化为都是 0 的形式. 文章最初正方形的问题作为性质 3 的一个特例也随之解决.

为了考虑 n 不是 2 的幂时的情况,我们需要借助哈密尔顿-凯莱定理.

引理 2 (哈密尔顿-凯莱定理)数域 F 上,方阵的特征多项式一定是零化多项式.

证略.

在 F_2 中考虑 A 的特征多项式 $f(\lambda) = |\lambda I - A| = (\lambda-1)^n + (-1)^{n-1}$. 当 $n = 2^m$ 时,特征多项式可化为 λ^n,由此也可得到前面定理 1 的结论. 当 n 不是 2 的幂时,在 $f(\lambda) = (\lambda-1)^n + (-1)^{n-1}$ 是一个至少含有两项的 n 次多项式,并且其常数项为 0.

定理 2 当 n 不是 2 的幂时,A 作为 2 元域 F_2 上的矩阵不是幂零的.

证明 在 F_2 中考虑矩阵 B 的特征多项式 $g(\lambda) = |\lambda I - B| = \lambda^n + (-1)^{n-1} = \lambda^n + 1$,由引理 2 可知 $g(B) = 0$. 而对于任意次数小于 n 的 m 次多项式 $h(\lambda)$,$h(B)$ 中第 1 行第 $m+1$ 列的元素非零,因此 $g(\lambda)$ 也是矩阵 B 的极小多项式.

下面考虑矩阵 A 的极小多项式,由于 $B = A - I$,因此 A 的特征多项式

$$f(\lambda) = g(\lambda - 1) = (\lambda-1)^n + 1 = (\lambda+1)^n + 1$$

也就是 A 的极小多项式.

当 n 不是 2 的幂时,根据引理 1 可知,将 $f(\lambda)$ 展开后除 λ^n 以外至少还有一项,即 $f(\lambda)$ 不是单项式. 因此对任意正整数 i,单项式 λ^i 都不能被 $f(\lambda)$ 整除,这意味着 λ^i 不是 A 的零化多项式,所以 A 不幂零. 同时这也说明对任意的 i,总能找到 $0-1$ 向量 γ 使得 $A^i\gamma \neq 0$. 证毕.

在定理 2 的证明中,我们已经得到了如下性质.

性质 4 当 n 不是 2 的幂时,在正 n 边形的每个

附录 哈密尔顿-凯莱定理的另一证法

顶点上随意写一个整数,进行相邻做差运算,有可能无法化为都是 0 的形式,而是陷入循环,这个循环中只出现 0 和某个正数 A.

例如,在正六边形的顶点写下 9,5,2,6,9,6,经过一次相邻做差运算后变为 4,3,4,3,3,3,继续做下去,得到的结果如下表

原始数据	9	5	2	6	9	6
第 1 次运算后	4	3	4	3	3	3
第 2 次运算后	1	1	1	0	0	1
第 3 次运算后	0	0	1	0	1	0
第 4 次运算后	0	1	1	1	1	0
第 5 次运算后	1	0	0	0	1	0
第 6 次运算后	1	0	0	1	1	1
第 7 次运算后	1	0	1	0	0	0
第 8 次运算后	1	1	1	0	0	1

第 8 次运算结果和第 2 次运算结果相同,从此开始循环,循环周期为 6.

这样我们完全搞清楚了正 n 边形上的相邻做差运算产生的向量序列的收敛性问题. 当然其中还有很多定量计算的东西值得进一步探讨. 例如任给一个 2^m 维的向量,能否计算出它收敛到 0 所需要的步数;再比如,当维数不是 2 的幂时,循环的最小正周期是多少. 希望本文能起到抛砖引玉的作用,让各位读者进一步思考并解决这些问题.

参考文献

[1] 同济大学数学系. 高等数学(上册)[M]. 7版. 北京:高等教育出版社,2014.

[2] MICHAEL A. Algebra[M]. 2版. 姚海楼,平艳茹,译. 北京:机械工业出版社,2015:66-69.

[3] 潘承洞,潘成彪. 初等数论[M]. 3版. 北京:北京大学出版社,2003.

参考文献

[1] WEARDEN B L V. A history of algebra[M]. Berlin: Springer-Verlag, 1985.

[2] 克莱因. 古今数学思想: 第三册、第四册[M]. 北大数学系数学史翻译组, 译. 上海: 上海科学技术出版社, 1985.

[3] 袁小明. 世界著名数学家评传[M]. 南京: 江苏教育出版社, 1990.

[4] 华罗庚, 苏步青. 中国大百科全书: 数学卷[M]. 北京: 中国大百科全书出版社, 1988.

[5] 伊夫斯 H. 数学史概论[M]. 欧阳绛, 译. 太原: 山西人民出版社, 1986.

[6] BELL E T. Men of mathematics[M]. New York: Dover publications, 1937.

[7] KLINE M. Mathematical thought from ancient to modern times[M]. New Youk: Oxford Univ. Press, 1972.

[8] BELLMAN R E. Stability theory of differential equations[M]. New York: McGaw-Hill, 1953.

[9] CODDINGTON E A, LEVINSON N. Theory of ordinary differential equations[M]. New York: McGraw-Hill, 1955.

[10] PUTZER E J. Avoiding the jordan canonical form in the discussion of Linear systems with constant coeffi-

cients[J]. 美国数学月刊,1966,73.

[11] BRONSON R. 现代微分方程的理论和习题[M]. 北京:中国铁道出版社,1984.

[12] 谢邦杰. 线性代数[M]. 北京:人民教育出版社,1978.

[13] 马尔茨夫. 线性代数基础[M]. 柯召,译. 北京:人民教育出版社,1959.

[14] 张贤科,许甫华. 高等代数学[M]. 2版. 北京:清华大学出版社,2004.

[15] 蓝以中. 高等代数教程[M]. 北京:北京大学出版社,1988.

[16] 李炯生,查建国. 线性代数[M]. 合肥:中国科学技术大学出版社,2003.

[17] LIPSCHUTZ S. 线性代数的理论和习题[M]. 沐定夷,徐克沼,译. 上海:上海科学技术出版社,1981.

[18] 高尔腊伊 A R,瓦特桑 G A. 矩阵特征问题的计算方法[M]. 上海:上海科学技术出版社,1981.

[19] 倪国熙. 常用的矩阵理论和方法[M]. 上海:上海科学技术出版社,1984.

[20] 威廉·克林根贝尔格. 线性代数与几何[M]. 沈纯理,郑宇,译. 高等教育出版社,1998.

[21] 柯召文集编委会. 柯召文集[M]. 成都:四川大学出版社,2000.